金工实习

主　编　刘文革
副主编　黄清宇
参　编　许久林　陈　璞

北京理工大学出版社
BEIJING INSTITUTE OF TECHNOLOGY PRESS

内 容 简 介

"金工实习"是机械制类人才培养方案专业集群基础课必修课之一,是制造类专业学生了解机械加工生产过程、培养实践动手能力的实践性教学环节。本书包含车削加工技术、铣削加工技术、磨削加工技术、热处理技术、激光雕刻技术、钳工装配技术和3D打印技术等八个项目,以真实的产品为任务,以小组为单位,让学生在典型工作任务的驱动下展开学习活动,引导学生合理运用机械加工设备,循序渐进地完成系列零件制作任务,并把零件组装在一起,形成完整产品。

通过对本书的学习,让学生了解机械制造的一般过程、金属加工的主要工艺方法,独立完成零件主要加工的操作;让学生养成热爱劳动、遵守纪律的好习惯和理论联系实际的严谨作风,拓宽专业视野。

本书适用于高等院校、高职院校制造类专业学生,也可供相关专业学生及技术人员参考使用。

图书在版编目（ＣＩＰ）数据

金工实习 / 刘文革主编. -- 北京 ：北京理工大学出版社，2023.12
ISBN 978-7-5763-3352-7

Ⅰ.①金… Ⅱ.①刘… Ⅲ.①金属加工-实习-教材
Ⅳ.①TG-45

中国国家版本馆 CIP 数据核字（2024）第 032417 号

责任编辑：多海鹏　　　文案编辑：多海鹏
责任校对：周瑞红　　　责任印制：李志强

出版发行 ∕ 北京理工大学出版社有限责任公司
社　　　址 ∕ 北京市丰台区四合庄路6号
邮　　　编 ∕ 100070
电　　　话 ∕（010）68914026（教材售后服务热线）
　　　　　　　（010）68944437（课件资源服务热线）
网　　　址 ∕ http://www.bitpress.com.cn

版 印 次 ∕ 2023 年 12 月第 1 版第 1 次印刷
印　　　刷 ∕ 唐山富达印务有限公司
开　　　本 ∕ 787 mm×1092 mm　1/16
印　　　张 ∕ 14.25
字　　　数 ∕ 306 千字
定　　　价 ∕ 79.90 元

前　言

　　本书是根据高等职业教育机电类专业教学改革的需要，全面贯彻党的二十大精神，落实立德树人根本任务，培养德、智、体、美、劳全面发展的社会主义建设者和接班人，深入实施人才强国战略，培养造就德才兼备的高素质人才，充分汲取高等职业技术院校在探索培养高等技术应用型人才方面取得的成功经验和教学成果编写而成。通过本课程的学习，让学生掌握车工、铣工、磨工、钳工、3D打印、激光加工等实践操作能力。

　　本书从职业能力入手，构建培养计划，确定相关课程的教学目标；以国家职业标准为依据，教学中融入国家职业标准的相关要求；以技能训练为主线、相关知识为支撑，较好地处理了专业理论教学与技能训练的关系。

　　本书以真实产品生产为工作任务，对产品生产过程进行任务分解及有序化教学，以工作手册的形式把工作任务分解到各主要学习情境中，做到教、学、做有机融合，并把理论学习和实践训练贯穿整个学习过程，缩短学校教育与企业需要的距离，更好地满足企业用人的需要。

　　在教材编写过程中，得到了企业、高等职业技术院校的大力支持，在此表示衷心的感谢！同时，恳切希望广大读者对教材提出宝贵的意见和建议，以便修订时加以完善。

　　本书由成都工业职业技术学院刘文革任主编，黄清宇任副主编，参与编写的有许久林老师、陈璞老师，并且得到了成都工匠雍发权的鼎力支持，同时得到有关同行的大力支持，在此表示衷心感谢！

　　由于水平有限，书中难免存在错误和不妥之处，敬请广大读者批评指正。

编　者

目　录

项目一　学习安全知识

项目描述

　　机器是由各种零件装配而成，而零件的加工制造一般离不开金属切削加工。本项目的任务就是使学生认识机械加工，认识车间设备，认识安全标识，熟悉安全文明生产，了解生产现场"7S"管理。树立安全意识，安全重于泰山。

学习安全知识工作任务书1-1

项目一　学习安全知识	任务目标
1. 认识"7S"管理	1. 认识车间组成和设备布置
2. 认识车间设备	2. 熟悉安全规程和安全标识
3. 认识安全标识	3. 认识"7S"的含义
4. 熟悉安全规程	4. 树立安全意识，安全重于泰山
工作任务 本项目的任务就是认识机械加工，熟悉安全文明生产，了解生产现场"7S"管理，以工作小组（6人/组）为单位完成该工作过程。	
提交材料 1. 学习安全知识工作任务资讯工作单 2. 学习安全知识任务计划工作单 3. 学习安全知识任务实施工作单 4. 学习安全知识任务总结	
任务完成时间	2 h

学习安全知识工作任务资讯工作单1-1

资讯内容	
资讯记录	
小组成员	完成日期

学习安全知识任务计划工作单 1-1

计划内容	
计划项目	
小组成员	完成日期

学习安全知识任务实施工作单 1-1

实施内容	
项目实施记录	
小组成员	完成日期

知识链接

认识机械加工

　　机械加工是指通过一种机械设备对工件的外形尺寸或性能进行改变的过程。其含义有多种理解：广义指所有能用机械手段制造产品的过程；狭义指用车床、铣床、钻床、磨床、冲压机、压铸机等专用机械设备制作零件的过程。一般在常温下不引起工件的化学或物相变化的加工，称为冷加工。同样的，高于或低于常温状态而且会引起工件的化学或物相变化的加工，称为热加工。冷加工按加工方式的差别可分为切削加工和压力加工。热加工常见有锻造、铸造和焊接等。

金属切削加工是用刀具从工件上切除多余材料，从而获得形状、尺寸精度及表面质量等合乎要求的零件的加工过程。实现这一切削过程必须具备三个条件：工件与刀具之间要有相对运动，即切削运动；刀具材料必须具备一定的切削性能；刀具必须具有适当的几何参数，即切削角度。金属的切削加工过程是通过机床或手持工具来进行切削加工的，其主要工种有车、钳、铣、刨、磨、钻、镗、齿轮加工等，见表1-1。

表1-1 金属切削加工常见工种

工种	图 例	工种	图 例
车削加工		磨削加工	
铣削加工		刨削加工	

一、了解"7S"管理

1. "7S"的起源与发展

"7S"，即整理、整顿、清扫、清洁、素养、安全、节约，因为这七个单词前面发音均为"S"，故称为"7S"。"7S"起源于日本，指的是在生产现场中对人员、机器、材料、方法等生产要素进行有效管理，是日式企业独特的一种现场管理方法。"7S"在塑造企业形象、降低成本、准时交货、安全生产、高度的标准化、创造令人心旷神怡的工作场所、现场改善等方面发挥了巨大作用，逐渐被各国的管理界所认识。

2. "7S"的含义

"7S"的含义见表1-2。

表1-2 7S的含义

"7S"项目	基本含义
整理	区分必需和非必需品，现场不放置非必需品
整顿	合理安排物品放置的位置和方法，并进行必要的标识，能在30 s内找到要找的东西
清扫	将岗位保持在无垃圾、无灰尘、干净整洁的状态
清洁	将整理、整顿、清扫进行到底，并且制度化，管理公开化、透明化
素养	对于规定了的事，大家都要认真地遵守执行

"7S" 项目	基本含义
安全	安全就是消除工作中的一切不安全因素，杜绝一切不安全现象
节约	节约就是养成节省成本的意识，主动落实到人及物

3. 推行 "7S" 的目的

（1）改善和提高企业形象。

（2）促成效率的提高。

（3）改善零件在库周转率。

（4）减少直至消除故障，保障品质。

（5）保障企业安全生产。

（6）降低生产成本。

（7）改善员工精神面貌，使组织活力化。

（8）缩短作业周期，确保交货期。

"7S" 管理知识 10 问

1. 员工穿着不整齐或仪容不整洁有什么坏处？

答：（1）影响工作场所气氛。

（2）缺乏一致性，不易塑造团队精神。

（3）看起来懒散，影响工作士气。

（4）不易识别，妨碍沟通协调。

（5）给参观者以不好的印象，损毁企业形象。

2. 对于你与同事共同使用的机器和工具，应怎样清洗？

答：轮流或共同清洗，也可由专人负责。

3. 在决定东西应放在什么地方时，应该考虑什么？

答：在符合通常的安全和工艺规定要求的前提下，应考虑是否经常被使用。

4. 从 "7S" 管理角度来看第一流的工作场所应是什么样子？

答：在第一流的工作场所里，没有人乱丢东西，每个人都协助维持场所的清洁。

5. 当有专职人员做清扫工作时，你应该做哪些清洁工作？

答：应负责卫生责任区的清洁，而清洁工人就可以集中清扫公共场所。

6. 为了维持整洁的工作环境，首先应采取什么措施？

答：为现场清洁制定出一套保养制度。

7. 当人们看到你的工作场所和设备非常脏时，是责怪清洁工人的失职呢？还是对你产生很坏的印象？

答：当然会对我印象很坏。

8. "7S" 中素养，对你自己来说，首先应着重哪点？

答：首先必须了解自己的态度和习惯。

9. 实行 "7S" 计划，除了使你更加喜欢你的工作场所，可更有效地完成任务，确保你和你的同事的安全外，还有哪些使你及公司受益？

答：在干净整洁的工作场所中，可制造出更加完美品质的产品，降低废品率，公司效益提高，而最终受益者就是我（收入增加）。

10. 实行"7S"计划，其中最困难的一步是什么？

答：使员工有维持良好整洁的工作场所的"素养"。

知识链接

安全文明生产

安全文明生产是工厂管理的一项十分重要的内容，它直接影响产品质量的好坏，设备和工、夹、量具的使用寿命，以及操作工人技能的发挥。所以作为职业学校的学生、工厂后备工人，从开始学习基本操作技能时就要重视培养安全文明生产的良好习惯。

一、安全文明生产要求

（1）开车前，应检查车床各部分机构是否完好，各个转动手柄、变速手柄位置是否正确，以防开车时因突然撞击而损坏机床；启动后，应使主轴低速空转 1~2 min，让润滑油散布到各需要的地方，等车床运转正常后才能工作。

（2）工作中需要变速时，必须先停车，变换走刀箱手柄位置要在低速时进行。使用电器开关的车床不准用正、反车做紧急停车，以免打坏齿轮。

（3）不允许在卡盘及床身导轨上敲击或校正工件，在床面上不准放置工具或工件。

（4）装夹较重的工件时，应该用木板保护床面。

（5）车刀磨损后，要及时刃磨，如果用磨钝的车刀继续切削，不但会增加车床负荷，甚至会损坏机床。

（6）车削铸铁和气割下料的工件前，要将导轨上的润滑油擦去，工件上的型砂杂质应清除干净，以免磨坏车面导轨。

（7）使用冷却液时，要在车床导轨上涂上润滑油。冷却系统中的冷却液应定期更换。

（8）下班前，应清除车床上及车床周围的切屑及冷却液，擦净后按规定在注油部位加上润滑油。

（9）下班前将大拖板摇至床尾一端，将各转动手柄放到空挡位置，关闭电源。

（10）每件工具应放在固定位置，不可随便乱放。操作时可根据工具自身的用途正确使用，例如不能用扳手代替榔头、钢尺代替旋凿（起子）等。

（11）爱护量具，经常保持清洁，用后擦净、涂油，放入盒内并及时归放至工具室。

（12）工作时所使用的工、夹、量具以及工件，应尽可能靠近或集中在操作者的周围。布置物件时，右手拿的放在右面，左手拿的放在左面；常用的放得近些，不常用的放得远些。总之各种用具放置应有固定的位置，使用后要放回原处。

（13）图样和操作卡片应放在便于阅读的部位，并注意保持清洁和完整。

（14）毛坯、半成品和成品应分开摆放，并按次序整齐排列，以便安放或拿取。

（15）工作位置周围应经常保持整齐和卫生。

（16）穿工作服，戴套袖。女工应戴工作帽，头发或辫子应塞入帽内。

（17）操作时戴防护眼镜，要注意头部与工件不能靠得太近。

二、安全警示标志

车间中常见的安全警示标志如表 1-3 所示，操作人员应了解其含义与特点，并在日常生产过程中严格执行。

表 1-3　车间中常见的安全警示标志

禁止标志	禁止烟火	禁止带火种	禁止穿带钉鞋	禁止驶入	禁止打手机	禁止穿化纤服装
	禁止通行	禁止吸烟	禁止乘人	当心落物	当心中毒	当心腐蚀
警告标志	当心机械伤人	当心滑跌	当心火灾	当心触电	当心爆炸	当心吊物
	当心泄漏（管道）	当心泄漏（储罐）	当心碰头	必须戴安全帽	必须戴防毒面具	必须穿工作服

总结与评价

学习安全知识任务实施工作总结 1-1

项目实施总结	
小组成员	完成日期

学习安全知识任务评价 1-1

序号	评价项目	评价要点	分值	得分	总评
1	认识安全文明生产	安全文明生产要求	20		A□（86~100） B□（76~85） C□（60~75） D□（60 以下）
		认识安全警示标志	20		
2	了解车间操作规程	了解车间的功能布局	20		
		了解安全注意事项	20		
		了解应急预案	20		

项目二　车削加工

车削加工是在车床上利用工件相对于刀具旋转对工件进行切削加工的方法，其中工件的旋转为主运动，刀具的移动为进给运动。车前加工是最基本、最常见的切削加工方法，在生产中占有十分重要的地位。车削适于加工回转表面，大部分具有回转表面的工件都可以用车削方法加工，如内外圆柱面、内外圆锥面、端面、沟槽、螺纹和回转成形面等，车削所用刀具主要是车刀。通过学习认识普通车床的结构和传动，了解普通车床的润滑和维护保养，了解各种常用车床。

任务一　认识车削加工

【任务描述】

车床主要是用于进行车削加工的机床，通常由工件旋转完成主运动，而由刀具沿平行或垂直于工件旋转轴线的方向移动完成进给运动。与工件旋转轴线平行的进给运动称为纵向进给运动，与工件旋转轴线垂直的进给运动称为横向进给运动。在一般机器制造中，车床在金属切削机床中所占的比重最大，占金属切削机床总台数的 20%~35%。车床的应用非常广泛，主要用于加工各种回转表面，其中包括端面、外圆、内圆、锥面、螺纹、回转沟槽、回转成形面和滚花等。普通车床加工尺寸精度一般为 IT10~IT8，表面粗糙度值 $Ra=6.3~1.6 \mu m$。通过学习认识普通车床结构和传动、认识车床加工范围、了解普通车床的润滑和维护保养，养成终身学习的习惯，实现自我增值。

任务（一）　认识普通车床

为了使车刀能够从毛坯上切下多余的金属，在车削加工时，车床的主轴带动工件做旋转运动，称为主运动；车床的刀架带动车刀做纵向、横向或斜向的直线移动，称为进给运动。通过车刀和工件的相对运动，可使毛坯被切削成具有一定几何形状、尺寸和表面质量的零件，以达到图纸上所规定的要求。

在机械加工车间中，车床约占机床总数的一半，车床的加工范围很广。

认识普通车床工作任务书 2-1

任务一　认识车削加工	任务目标
任务（一）　认识普通车床 1. 认识普通车床的结构和传动 2. 了解普通车床的润滑和维护保养 3. 认识车床的加工范围	1. 熟悉普通车床的结构和传动 2. 懂普通车床的润滑和维护保养 3. 熟知车床的加工范围 4. 养成终身学习的习惯，实现自我增值

任务布置者		任务承接者	

工作任务

本项目的任务就是通过学习认识普通车床的结构和传动，了解普通车床的润滑和维护保养，以及各种常用车床的加工范围。

以工作小组（6人/组）为单位完成该工作过程。

提交材料

1. 认识普通车床工作任务资讯工作单
2. 认识普通车床任务计划工作单
3. 认识普通车床任务实施工作单
4. 认识普通车床任务总结

任务完成时间	0.5 h

认识普通车床工作任务资讯工作单 2-1

资讯内容	
资讯记录	
小组成员	完成日期

认识普通车床任务计划工作单 2-1

计划内容	
计划项目	
小组成员	完成日期

认识普通车床任务实施工作单 2-1

实施内容	

项目实施记录	
小组成员	完成日期

学习笔记

知识链接

在各类金属切削机床中，车床是应用最广泛的一类，车床既可用车刀对工件进行车削加工，又可用钻头、铰刀、丝锥和滚花刀进行钻孔、铰孔、攻螺纹和滚花等操作，如图 2-1 所示。按工艺特点、布局形式和结构特性等的不同，车床可以分为卧式车床、落地车床、立式车床、转塔车床以及仿形车床等，其中大部分为卧式车床。

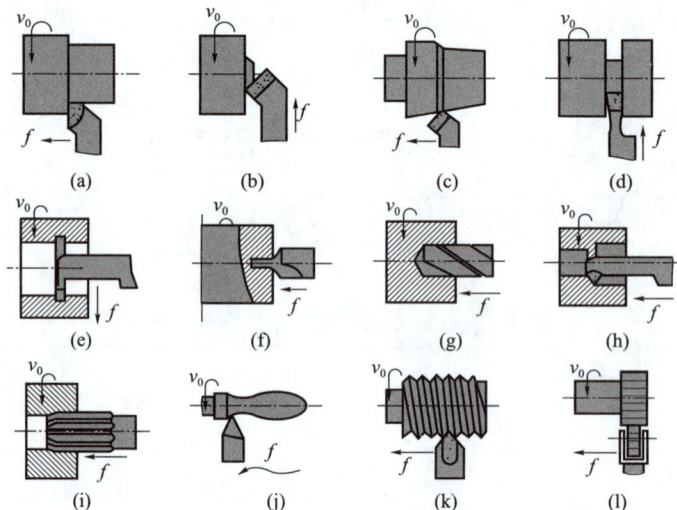

图 2-1 车削加工的基本内容

一、车床结构简介

车床的种类虽然很多，但总的来说都是由主轴箱、进给箱、溜板箱和尾座等几大部件组成的，图 2-2 所示为 CA6140 型卧式车床的外形结构。

1. 主轴箱

主轴箱又称床头箱，它的主要任务是将主电动机传来的旋转运动经过一系列的变速机构使主轴得到所需的正反两种转向的不同转速，同时主轴箱分出部分动力将运动传给进给箱。主轴箱中的主轴是车床的关键零件。主轴在轴承上运转的平稳性会直接影响工件的加工质量，一旦主轴的旋转精度降低，则机床的使用价值就会降低。

2. 进给箱

进给箱又称走刀箱，进给箱中装有进给运动的变速机构，调整其变速机构可得到所需的进给量或螺距，并通过光杠或丝杠将运动传至刀架，以进行切削。

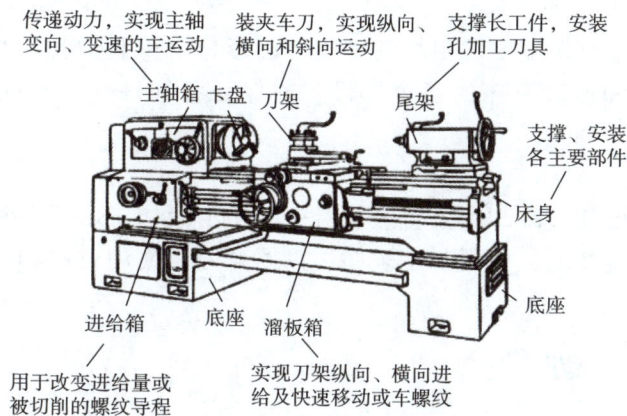

传递动力，实现主轴变向、变速的主运动

装夹车刀，实现纵向、横向和斜向运动

支撑长工件，安装孔加工刀具

主轴箱　卡盘　刀架　尾架

支撑、安装各主要部件

床身

底座

进给箱　底座　溜板箱

用于改变进给量或被切削的螺纹导程

实现刀架纵向、横向进给及快速移动或车螺纹

图 2-2　CA6140 型卧式车床的外形结构

3. 丝杠与光杠

用以连接进给箱与溜板箱，并把进给箱的运动和动力传给溜板箱，使溜板箱获得纵向直线运动。丝杠是专门用来车削各种螺纹而设置的，在对工件的其他表面进行车削时，只用光杠，不用丝杠。同学们要结合溜板箱的内容区分光杠与丝杠。

4. 溜板箱

溜板箱是车床进给运动的操纵箱，内装有将光杠和丝杠的旋转运动变成刀架直线运动的机构，通过光杠传动实现刀架的纵向进给运动、横向进给运动和快速移动，通过丝杠带动刀架做纵向直线运动，以便车削螺纹。

5. 刀架

刀架由两层滑板（中、小滑板）、床鞍与刀架体共同组成，用于安装车刀并带动车刀做纵向、横向或斜向运动，如图 2-3 所示。

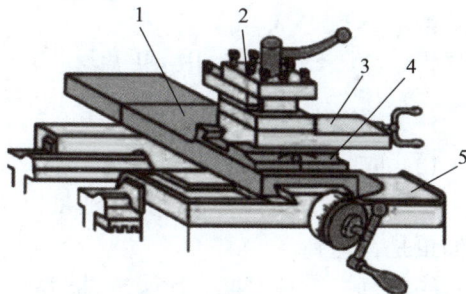

图 2-3　刀架

1—中滑板；2—方刀架；3—小滑板；
4—转盘；5—床鞍

6. 尾座

安装在床身导轨上，并沿此导轨纵向移动，以调整其工作位置。尾座主要用来安装后顶尖，以支撑较长工件，也可安装钻头、铰刀等进行孔加工，如图 2-4 所示。

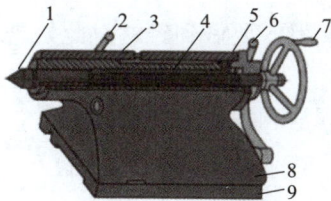

图 2-4　尾座

1—顶尖；2—套筒锁紧手柄；3—尾座套筒；4—丝杠；5—丝杠螺母；
6—尾座锁紧手柄；7—手轮；8—尾座体；9—尾座

7. 床身

床身是车床带有精度要求很高的导轨（山形导轨和平导轨）的一个大型基础部件，用于支撑和连接车床的各个部件，并保证各部件在工作时有准确的相对位置。

8. 冷却装置

冷却装置主要通过冷却水泵将散热器中的切削液加压后喷射到切削区域，降低切削温度，冲走切屑，润滑加工表面，以提高刀具使用寿命和工件的表面加工质量。

二、车床的传动路线

卧式车床的传动系统框图如图 2-5 所示。

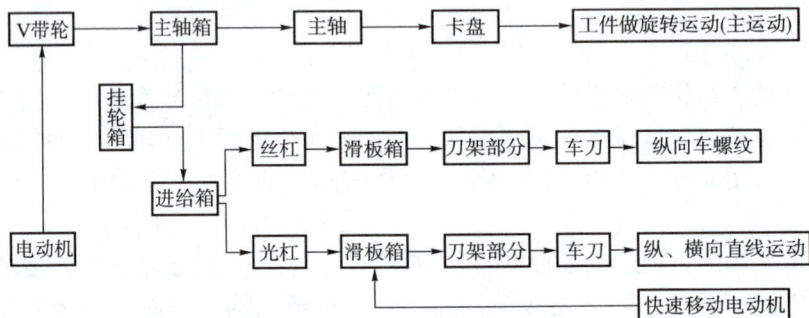

图 2-5　卧式车床的传动系统框图

三、车床的润滑和维护保养

1. 车床的润滑

1）主轴箱的润滑

主轴箱采用溅油润滑，其储油量以达到油窗高度为宜。在开动车床前要检查其储油量是否达到。

一般每三个月更换一次，换油时要对箱体内进行清洗后再加油。

2）进给箱与拖板箱的润滑

进给箱与拖板箱常采用储油池通过油绳导油润滑，要做到每班给储油池加油一次。

3）挂轮箱的润滑

挂轮箱常采用油杯注油润滑，要做到经常对此处进行润滑。

4）车床导轨面的润滑

车床导轨面常采用浇油润滑和弹子油杯注油润滑，要做到每班对车床导轨面进行清理和润滑。

5）其他部分的润滑

车床的床鞍、中拖板、小拖板、尾座、光杠、丝杠、操纵杆等部位靠油孔注油润滑，要做到每班加油一次。

2. 车床的维护保养

作为车工不仅要会操纵车床，还要爱护和保养车床。为保证其精度和使用寿命，必须对车床进行合理的维护保养。

1）日保养

每班车床工作后应擦干净车床导轨面，要求无油污、无铁屑，并加注润滑油润滑，使车床外表清洁并保持场地整齐。

2）周保养

每周要求车床三个导轨面及转动部位清洁、润滑，油眼通畅，油标、油窗清晰，清洗油毛毡，并保持车床外表清洁和场地整齐。

3）一级保养

当车床运行 500 h 后，就需要进行一级保养。保养应该是以操作工为主，维修工进行配合。保养的内容是：部件的清洗；各部分的润滑；传动部分的调整。

总结与评价

认识普通车床任务实施工作总结 2-1

项目实施过程	
小组成员	完成日期

认识普通车床任务评价 2-1

序号	评价项目	评价要点	分值	得分	总评
1	车床结构	车床组成	25		A□（86~100） B□（76~85） C□（60~75） D□（60 以下）
1	车床结构	车床各部分作用	25		
2	车床用途	车床加工范围	25		
2	车床用途	车床保养	25		

任务（二）　操作普通车床

【任务描述】

车床的运动由卡盘的旋转运动和刀架的进给运动组成，在了解了车床结构的基础上，通过对主轴箱、进给箱和溜板箱等的手动操作训练，让两种运动能较好地配合；熟悉普通车床的操作手柄，能独立操作普通车床，为回转体零件加工做好准备，养成终身学习的习惯，实现自我增值。

操作普通车床工作任务书 2-2

任务一　认识车削加工	任务目标
任务（二）　　操作普通车床 1. 普通车床手柄的作用 2. 普通车床刻度盘的计算 3. 车床外圆车削操作 4. 车床端面车削操作	1. 会普通车床刻度盘计算 2. 会车床外圆车削操作 3. 会车床端面车削操作 4. 养成终身学习的习惯，实现自我增值

工作任务

　　本项目的任务就是通过学习，认识普通车床各手柄的作用、刻度盘计算方法及车床的基本操作。

　　以工作小组（6 人/组）为单位完成该工作过程。

提交材料

1. 操作普通车床工作任务资讯工作单
2. 操作普通车床任务计划工作单
3. 操作普通车床任务实施工作单
4. 操作普通车床任务总结

任务完成时间	2 h

操作普通车床工作任务资讯工作单 2-2

资讯内容	
资讯记录	
小组成员	完成日期

操作普通车床任务计划工作单 2-2

计划内容	
计划项目	
小组成员	完成日期

操作普通车床任务实施工作单 2-2

实施内容	
项目实施记录	
小组成员	完成日期

一、卧式车床的操作手柄及作用

卧式车床的调整主要是通过变换相应的操作手柄位置进行的。图 2-6 所示为 C6140 型车床的操作手柄及其功用。

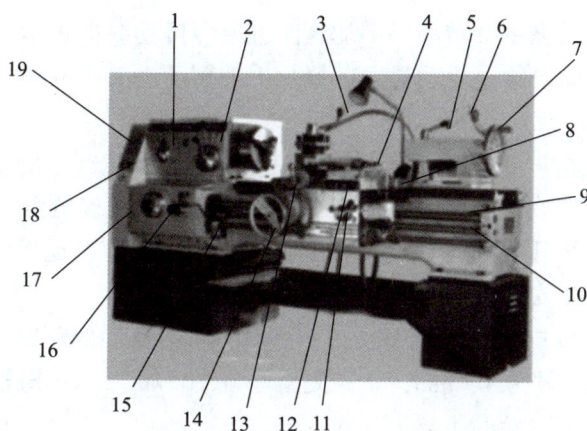

图 2-6 C6140 型车床的操作手柄及其功用

1—进给换向手柄；2—主运动变速手柄；3—方刀架锁紧手柄；4—小刀架移动手柄；5—尾座套筒锁紧手柄；6—尾座锁紧手柄；7—尾座套筒移动手轮；8—刀架横向、纵向进给自动手柄；9—丝杠；10—光杠；11—"开合螺母"开合手柄；12—启动按钮；13—刀架横向进给手动手柄；14—刀架纵向进给手动手柄；15—主轴正反转及停止手柄；16—光杠、丝杠转换手柄；17—进给运动变速手柄；18—冷却开关；19—电源开关

二、卧式车床的基本操作

1. 停车练习

主轴正反转及停止手柄 15 在停止位置。

1）正确变换主轴转速

变动主轴箱外面的变速手柄 2，可得到各种相对应的主轴转速。当手柄拨动不顺利时，用手稍转动卡盘即可。

2）正确变换进给量

按所选的进给量查看进给箱上的标牌，再按标牌上进给变换手柄位置来变换手柄 16 和 17 的位置，即得到所选定的进给量。

3）掌握纵向和横向手动进给手柄的转动方向

左手握纵向进给手动手柄 14，右手握横向进给手动手柄 13，分别顺时针和逆时针旋转手柄，操纵刀架和溜板箱的移动方向。

4）掌握纵向或横向机动进给的操作

光杠或丝杠转换手柄 16 位于光杠接通位置上，将机动进给手柄 8 向左即可纵向进给，如将机动进给手柄 8 向前即可横向机动进给，手柄位于中间位置时即可纵、横向机动进给。

5）尾座的操作

尾座靠手动移动，其固定靠紧固螺栓螺母。转动尾座移动套筒手轮 7，可使套筒在尾架内移动；转动尾座锁紧手柄 5，可将套筒固定在尾座内。

2. 低速开车练习

练习前应先检查各手柄位置是否处于正确的位置，无误后进行开车练习。

1）主轴启动、停止

电动机启动→操纵主轴转动→停止主轴转动→关闭电动机。

2）进给运动

电动机启动→操纵主轴转动→手动纵向进给→机动纵向进给→手动退回→手动横向进给→机动横向进给→手动退回→停止主轴转动→关闭电动机。

特别注意：

（1）机床未完全停止严禁变换主轴转速，否则会发生严重的主轴箱内齿轮打齿现象甚至发生机床事故。开车前要检查各手柄是否处于正确位置。

（2）纵向和横向手柄进退方向不能摇错，尤其是快速进退刀时要千万注意，否则会发生工件报废和安全事故。

（3）中滑板上横向进给手柄每转一小格时，车刀移动的距离为 0.05 mm，即每进一格，轴的半径减小 0.05 mm，直径则减小 0.10 mm。当小滑板上纵向进给手柄每转一小格时，车刀移动的距离为 0.05 mm。

[任务实施]

1. 启动主轴训练

（1）检查车床的变速手柄是否处于空挡位置、离合器是否处于正确位置、操纵杆是否处于停止状态，确认无误后，合上车床的电源开关。如图 2-7 所示。

（2）按下绿色启动按钮，启动电动机，如图 2-8 所示。

（3）向上提起溜板箱右侧的操纵杆手柄，主轴正转，如图 2-9 所示。

（4）操纵杆手柄回到中间位置，主轴停止转动，如图 2-10 所示。

（5）操纵杆手柄下压，主轴反转，如图 2-11 所示。

（6）按下床鞍上的红色按钮，电动机停止工作，如图 2-12 所示。

图 2-7　车床电源开关

图 2-8　启动按钮

图 2-9　上提操纵杆手柄

图 2-10　操作杆手柄回中间位置

图 2-11　操纵杆手柄下压

图 2-12　电动机停止按钮

2. 调整转速训练

车床主轴变速箱是通过改变主轴正面右侧的两个叠套手柄位置来控制的，前面的手柄有 6 个挡位，每个挡位有 4 级变速，由后面的手柄控制，所以主轴共有 24 级转速，如图 2-13 所示。

主轴箱正面左侧的手柄用于变换螺纹的左、右旋向和加大螺距，共有 4 个挡位：

（1）分别调整主轴转速为 37 r/min、450 r/min 和 1 000 r/min，确认后启动车床；

（2）选择车削右旋螺纹、车削左旋螺纹和加大螺距螺纹的手柄位置。

3. 调整进给速度训练

车床进给箱的正面左侧有一个手轮，手轮有 8 个挡位；右侧有前、后两个手柄，前面的手柄是丝杠、光杠变换手柄，后面的手柄有 4 个挡位，用来与手轮配合，调整螺距或进给量。根据加工要求调整所需螺距或进给量时，可依据进给油箱盖上的调配表来确定手轮和手柄的具体位置。

进给速度调整手柄如图 2-14 所示。

图 2-13　转速调整手柄　　　　图 2-14　进给速度调整手柄

三、刻度盘的计算和应用

在车削工件时，为了正确和迅速地掌握进刀深度，通常利用中滑板或小滑板上的刻度盘进行操作。

中滑板的刻度盘装在横向进给的丝杠上，当摇动横向进给丝杠转一圈时，刻度盘也转了一周，此时固定在中滑板上的螺母就带动中滑板车刀移动一个导程。如果横向进给丝杠导程为 5 mm，刻度盘分 250 格，则当摇动进给丝杠转动一周时，中滑板就移动 5 mm，当刻度盘转过一格时，中滑板移动量为 5/250＝0.02（mm）。使用刻度盘时，由于螺杆和螺母之间配合往往存在间隙，因此会产生空行程（即刻度盘转动而滑板未移动），所以使用刻度盘进给过深时，必须向相反方向退回全部空行程，然后再转到需要的格数，而不能直接退回到需要的格数。但必须注意，由于工件是旋转的，故用中滑板刻度指示的切削深度实现横向进刀后，直径上被切除的金属层是切削深度的两倍。消除刻度盘空行程的方法如图 2-15 所示，如果多转动了几格，绝不能简单的退回，而必须向相反方向退回全部空行程，再转到所需的刻度位置。

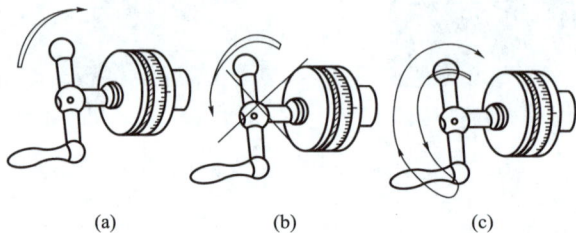

(a)　　　　　　　(b)　　　　　　　(c)

图 2-15　消除刻度盘空行程的方法

四、用手动进给车削外圆、平面和倒角

1. 车平面的方法

开动车床使工件旋转，移动小滑板或床鞍控制进刀深度，然后锁紧床鞍，摇动中滑板丝杠进给，由工件外侧向中心或由工件中心向外侧进给车削，如图 2-16 所示。

2. 车外圆的方法

（1）移动床鞍至工件的右端，用中滑板控制进刀深度，摇动小滑板丝杠或床鞍纵向移动车削外圆，一次进给完毕，横向退刀，再纵向移动刀架或床鞍至工件右端，进行第二、第三次进给车削，直至符合图样要求为止。

（2）在车削外圆时，通常要进行试切削和测量。其具体方法是：根据工件直径

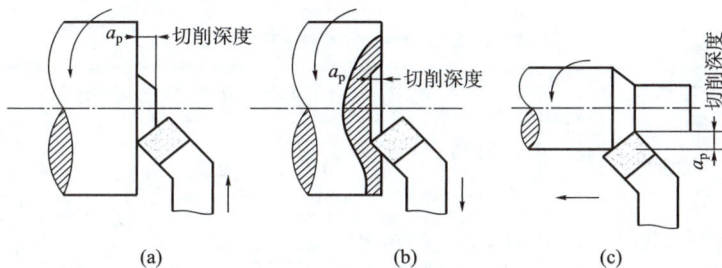

图 2-16　车外圆、平面和倒角

余量的二分之一做横向进刀，当车刀在纵向外圆上进给 2 mm 左右时，纵向快速退刀，然后停车测量（注意横向不要退刀），如果已经符合尺寸要求，就可以直接纵向进给进行车削，否则应按上述方法继续进行试切削和试测量，直至达到要求为止。

（3）为了确保外圆的车削长度，通常先采用刻线痕法，然后采用测量法进行，即在车削前根据需要的长度，用钢直尺、样板或卡尺及车刀刀尖在工件的表面刻一条线痕，然后根据线痕进行车削，当车削完毕后，再用钢直尺或其他工具复测。

3. 倒角

当平面、外圆车削完毕后移动刀架，使车刀的切削刃与工件的外圆成 45° 夹角。通常移动床鞍至工件的外圆和平面的相交处进行倒角。所谓 1×45°，是指 45° 倒角在外圆上的轴向距离为 1 mm。

五、机动进给车削外圆和平面

机动进给与手动进给相比有很多的优点，如操作力进给均匀、加工后工件表面粗糙度小等。但机动进给是机械传动，操作者对车床手柄位置必须相当熟悉，否则在紧急情况下容易损坏工件或机床。

使用机动进给的过程：

1）纵向车外圆过程

启动机床工件旋转→试切削→机动进给→纵向车外圆→车至接近需要长度时停止进给→改用手动进给→车至长度尺寸→退刀→停车。

2）横向车平面过程

启动机床工件旋转→试切削→机动进给→横向车平面→车至工件中心时停止进给→改用手动进给→车至工件中心→退刀→停车。

总结与评价

操作普通车床任务实施工作总结 2-2

项目实施总结	
小组成员	完成日期

序号	评价项目	项目要求	分值	得分	总评
1	启动主轴训练	正确启动主轴，并实现主轴正反转切换	25		A□（86~100）
2	调整转速训练	正确调整主轴转速	25		B□（76~85）
3	调整进给速度训练	正确调整纵向进给量	25		C□（60~75） D□（60以下）
		正确设置车削普通螺纹螺距时手轮与手柄位置	25		

任务（三）　认识车刀

【任务描述】

车刀的切削部分由主切削刃、副切削刃、前刀面、主后刀面和副后刀面及刀尖角组成。车刀的切削部分和柄部（即装夹部分）的结合方式主要有整体式、焊接式、机械夹固式和焊接-机械夹固式。机械夹固式车刀可以避免硬质合金刀片在高温焊接时产生应力和裂纹，并且刀柄可多次使用。机械夹固式车刀一般是用螺钉和压板将刀片夹紧，装可转位刀片的机械夹固式车刀，刀刃用钝后可以转位继续使用，而且停车换刀时间短，因此取得了迅速发展。通过学习能认识常用车刀，熟悉车刀的几何角度；能刃磨普通车刀，养成终身学习的习惯，实现自我增值。

认识车刀工作任务书 2-3

任务一　认识车削加工	任务目标
任务（三）　认识车刀 1. 认识车刀作用 2. 认识车刀种类 3. 认识车刀结构及角度 4. 掌握车刀刃磨方法	1. 认识车刀种类及使用范围 2. 认识车刀结构及几何角度 3. 会车刀刃磨 4. 养成终身学习的习惯，实现自我增值

工作任务

本项目的任务是通过学习，认识车刀的种类、作用、构造及使用范围，掌握车刀刃磨方法。以工作小组（6人/组）为单位完成该工作过程。

提交材料

1. 认识车刀工作任务资讯工作单
2. 认识车刀任务计划工作单
3. 认识车刀任务实施工作单
4. 认识车刀任务总结

任务完成时间	2 h

认识车刀工作任务资讯工作单 2-3

资讯内容	
资讯记录	
小组成员	完成日期

认识车刀任务计划工作单 2-3

计划内容	
计划项目	
小组成员	完成日期

认识车刀任务实施工作单 2-3

实施内容	
项目实施记录	
小组成员	完成日期

知识链接 ✍

车刀是由刀头和刀体组成的，在生产中，只有合理选用和正确刃磨车刀，才能保证加工质量、提高生产效率。因此，研究车刀的主要角度，正确地刃磨车刀，合理选择、使用车刀是车工必须掌握的关键技术之一。

一、认识车刀

车刀按用途可分为外圆车刀、端面车刀、切断刀、成形车刀、螺纹车刀和车孔刀等，如图 2-17 所示。

图 2-17　常用车刀及用途

由于车刀是由刀头和刀体组成的，故按其结构车刀又可分为整体车刀、焊接车刀、机夹车刀、可转位车刀和成形车刀等，如图 2-18 所示。

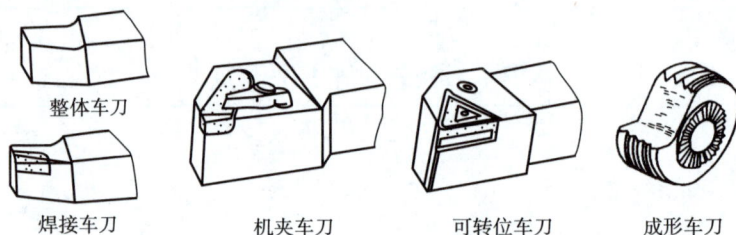

图 2-18　车刀的结构分类

二、车刀的种类及用途

1. 90°外圆车刀（偏刀）

90°外圆车刀（偏刀），用于车削工件的外圆、台阶和端面，分为左偏刀和右偏刀两种。

2. 切断刀

切断刀，用于切断工件或在工件表面切出沟槽。

3. 车孔刀

车孔刀，用于车削工件的内孔，有通孔车刀和盲孔车刀。

4. 成形车刀

成形车刀，用于车削台阶处的圆角、圆槽或车削特殊形面工件。

5. 螺纹车刀

螺纹车刀，用于车削螺纹。

三、车刀的几何形状和角度

1. 车刀的组成

车刀由刀头和刀杆组成，刀头承担切削工作，刀杆是车刀的夹持部分，其主要作用是保证刀具切削部分有一个正确的工作位置。

刀头是一个几何体，由刀面和刀刃组成，包括前刀面、主后面、副后面、主切削刃、副切削刃、修光刃和刀尖等，如图 2-19 所示。

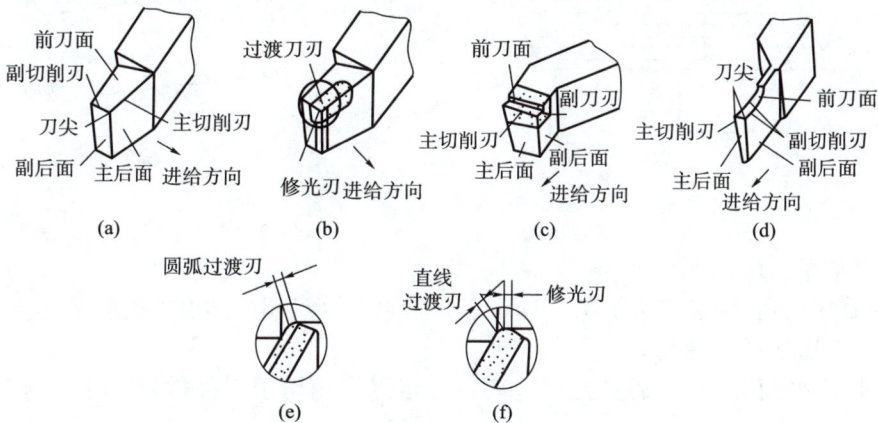

图 2-19　车刀的组成部分

1）前刀面

前刀面，切屑流出时所经过的刀面。

2）主后面

主后面，车刀上与工件过渡表面相对的刀面。

3）副后面

副后面，车刀上与工件已加工表面相对的刀面。

4）主切削刃

主切削刃，前刀面与主后面相交构成的切削刃，担负主要的切削工作。

5）副切削刃

副切削刃，前刀面与副后面相交构成的切削刃，它配合主切削刃完成次要的切削工作，对已加工表面起修光作用。

6）刀尖

刀尖，主切削刃和副切削刃的连接部位。它常被磨成圆弧形或直线形状态，以提高其强度，延长车刀寿命。

7）修光刃

修光刃，副切削刃近刀尖处一窄小的平直刀刃。装刀时修光刃必须平行于走刀的方向，且修光刃长度要大于进给量，才能起到修光作用。

所有车刀都由上述各部分组成，但结构可能不同，如典型的外圆车刀是由三面、二刃、一刀尖组成，而切断刀是由四面、三刃、二刀尖组成。此外，切削刃可以是直线，也可以是曲线，如车特形面的成形刀的刀刃就是曲线形。

2. 辅助平面

为了确定上述刀面及切削刃的空间位置和刀具几何角度的大小，必须建立适当的参考系（坐标平面）。选定切削刃上某一点而假定的几个平面称为辅助平面，如图 2-20 所示。

(a)　　　　　　　　　　　　(b)

图 2-20　刀具的辅助平面

1）基面（P_r）

基面（P_r），通过刀刃上某一选定点并垂直于该点切削速度方向的平面。

2）主切削平面（P_s）

主切削平面（P_s），通过刀刃上某一选定点，相切于工件过渡表面且与基面垂直的平面。

3）正交平面（P_o）

正交平面（P_o），通过刀刃上某一选定点并同时垂直于基面和主切削平面的平面。以上三个平面相互垂直，构成空间直角坐标系。

3. 车刀的角度和主要作用

车刀的切削部分共有 6 个独立的基本角度，即前角、主后角、副后角、主偏角、副偏角、刃倾角，各角度标注如图 2-21 所示。

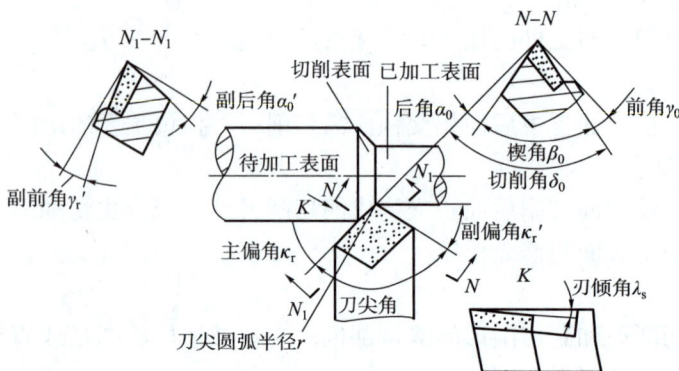

图 2-21　刀具的主要角度

车刀的主要角度及其作用如下：

（1）车刀的主要角度有前角（γ_0）、后角（α_0）、主偏角（κ_r）、副偏角（κ_r'）

和刃倾角（λ_s）。

为了确定车刀的角度，要建立三个坐标平面：切削平面、基面和主剖面。对车削而言，如果不考虑车刀安装和切削运动的影响，切削平面可以认为是铅垂面，基面是水平面；当主切削刃水平时，垂直于主切削刃所作的剖面为主剖面。

① 前角 γ_0 在主剖面中测量，是前刀面与基面之间的夹角。其作用是使刀刃锋利，便于切削。但前角不能太大，否则会削弱刀刃的强度，容易使刀刃磨损甚至崩坏。加工塑性材料时，前角可选大些，如用硬质合金车刀切削钢件可取 $\gamma_0 = 10° \sim 20°$；加工脆性材料时，车刀的前角 γ_0 应比粗加工大，以利于刀刃锋利，工件的表面粗糙度小。

② 后角 α_0 在主剖面中测量，是主后面与切削平面之间的夹角。其作用是减小车削时主后面与工件的摩擦，一般取 $\alpha_0 = 6° \sim 12°$，粗车时取小值，精车时取大值。

③ 主偏角 κ_r 在基面中测量，它是主切削刃在基面的投影与进给方向的夹角。其作用是：

a. 可改变主切削刃参加切削的长度，影响刀具寿命。

b. 影响径向切削力的大小。

小的主偏角可增加主切削刃参加切削的长度，因而散热较好，对延长刀具使用寿命有利。但在加工细长轴时，工件刚度不足，小的主偏角会使刀具作用在工件上的径向力增大，易产生弯曲和振动，因此，主偏角应选大些。

车刀常用的主偏角有 45°、60°、75°、90° 等几种，其中 45°多。

④ 副偏角 κ_r' 在基面中测量，是副切削刃在基面上的投影与进给反方向的夹角。其主要作用是减小副切削刃与已加工表面之间的摩擦，以改善已加工表面的粗糙度。

在切削深度 a_p、进给量 f、主偏角 κ_r 相等的条件下，减小副偏角 κ_r' 可减小车削后的残留面积，从而减小表面粗糙度，一般选取 $\kappa_r = 5° \sim 15°$。

⑤ 刃倾角入 λ_s 在切削平面中测量，是主切削刃与基面的夹角。其作用主要是控制切屑的流动方向。主切削刃与基面平行，$\lambda_s = 0°$；刀尖处于主切削刃的最低点，λ_s 为负值，刀尖强度增大，切屑流向已加工表面，用于粗加工；刀尖处于主切削刃的最高点，λ_s 为正值，刀尖强度削弱，切屑流向待加工表面，用于精加工。车刀刃倾角 λ_s 一般在 $-5° \sim +5°$ 内选取。

四、车刀的刃磨

车刀用钝后，必须刃磨，以便恢复它的合理形状和角度。车刀一般在砂轮机上刃磨。磨高速钢车刀用白色氧化铝砂轮，磨硬质合金车刀用绿色碳化硅砂轮。

车刀重磨时，往往根据车刀的磨损情况，磨削有关的刀面即可。车刀刃磨的一般顺序是：磨后刀面→磨副后刀面→磨前刀面→磨刀尖圆弧。车刀刃磨后，还应用油石细磨各个刀面，这样可有效地提高车刀的使用寿命和减小工件表面的表面粗糙度。

五、常用的车刀材料

用作刀杆部分的材料为优质碳素结构钢，常采用 45 号钢。

用作切削部分的材料主要有以下几种。

1. 碳素工具钢

碳素工具钢是指含碳量为 0.6%~1.2% 的优质钢，淬火后的硬度为 60~64HRC。含碳量越高，硬度与耐磨性越高，但韧性会降低。碳素工具钢的耐热性很差，当切削刃工作温度超过 250 ℃时，硬度将急剧下降，失去切削能力。因此，这种钢只能在 8~10 m/min 的低速下工作，主要用于制造丝锥、锉刀等手动工具。制造刀具的常用碳素工具钢牌号为 T10A、T12A 等。

2. 合金工具钢

在碳素工具钢中加入一定量的合金元素，如钨、铬、钼、钒、锰、硅等即成为合金工具钢。这些钢淬火后的硬度达 61~65HRC，与碳素工具钢相似，其耐热性为 350~400 ℃，比碳素工具钢稍高，因此，其切削速度可比碳素工具钢提高 20%。

合金工具钢与碳素工具钢相比，它的主要优点是淬火变形小、淬透性高，适于制造要求热处理变形小的低速刀具。用作刀具的合金工具钢主要有 9SiGr、CrWMn、GCr9、CrW5 等。

3. 高速钢

高速钢又称为锋钢或白钢。高速钢是以钨、铬、钼、钒、钴为主要合金元素的高合金含量的合金工具钢。这种钢经热处理后，一些合金元素可以形成硬度较高的碳化物（如 WC、FeC、CrC 等）。因此，高速钢与碳素工具钢和合金工具钢相比，具有较高的耐热性。它的常温硬度为 63~70HRC，当切削温度在 500~650 ℃时，仍能保持良好的切削性能。高速钢具有很高的强度，抗弯强度为一般硬质合金的 2~3 倍，韧性比硬质合金高几十倍。高速钢的切削速度比碳素工具钢和合金工具钢高出 2~3 倍，耐用度提高 10~40 倍。高速钢的工艺性能也很好，热处理变形小，能磨出锋利的刃口，用它能制造出精度高而且形状复杂的刀具（如钻头、拉刀、丝锥、成形刀具、齿轮刀具）。目前，高速钢是制造各种刀具的主要材料。常用于制造刀具的高速钢牌号为 W18Cr4V。

4. 硬质合金

硬质合金是用高硬度难熔的金属碳化物（WC、TiC、TaC、NbC 等）粉末，用钴或钼、钨为黏结剂，采用粉末冶金方法制成（经高压压制后再经高温烧结而成）。由于硬质合金中金属碳化物含量很高，故它的硬度可达 74~82HRC，耐磨性很好，耐热性也高，可达 800~1 000 ℃。因此，其切削性能远远超过高速钢，耐用度可提高几倍到几十倍。在相同耐用度下，硬质含金刀具的切削速度比高速钢提高 4~10 倍，是用于高速切削的主要刀具材料。

硬质合金的特点（与高速钢相比）如下：

（1）硬质合金硬度高，红硬性好，但是较脆。由于硬度高，故不易刃磨。

（2）钨钴类硬质合金韧性较好，抗冲击性好，适用于铸铁等脆性材料以及乙炔割件等不规则零件的加工。但其红硬性较差，刀刃成形困难，不适合加工碳钢、不锈钢等材料。

（3）钨钴钛类硬质合金由于含碳化钨较多，其红硬性较好，具有较高的耐热性和耐磨性，因此适合碳钢、不锈钢等材料的加工，也可以用于铜、铝等有色金属的粗加工和半精加工。由于其刃磨困难，刀刃很难刃磨锋利，故不适合非金属材料的加工。

（4）硬质合金刀具的速度一般选在 120~160 m/min，甚至还可以更高一些，对于提高加工效率有着重要的影响。同时，由于硬质合金采用高压成形技术，材料的利用率较高，相对成本较低。因此，机械加工行业中应尽可能地选用硬质合金作为刀具材料。

5. 其他材料

除碳素工具钢、合金工具钢、高速钢、硬质合金外，还有几种高硬度的材料，如陶瓷材料、人造金刚石、立方氮化硼等。

六、车刀的刃磨

车刀的刃磨一般有机械刃磨和手工刃磨两种，进行车刀刃磨时，必备有磨刀砂轮。

1. 砂轮的选择

常用的砂轮有两种，一种是氧化铝砂轮，另一种是碳化硅砂轮。刃磨时必须根据刀具材料来选用砂轮。氧化铝砂轮多呈白色，其砂粒韧性好，较锋利，但硬度稍低，常用来刃磨高速钢车刀和碳素工具钢刀具；而呈绿色的碳化硅砂轮的砂粒硬度高，切削性能好，但较脆，常用来刃磨硬质合金刀具。

另外，还可采用人造金刚石砂轮刃磨刀具，这种砂轮既可刃磨硬质合金刀具，也可磨削玻璃、陶瓷等高硬度材料。

2. 手工刃磨的方法和步骤

手工刃磨车刀的方法和步骤见表 2-1（以 90°外圆车刀的刃磨为例）。

表 2-1　手工刃磨车刀的方法和步骤

步骤	操作说明	图　示
检查砂轮机	首先检查砂轮机靠手是否牢靠。靠手的平面应成水平状态。调整靠手与砂轮的间隙在 5 mm 左右。将多点金刚笔用金刚笔座固定。启动砂轮机，将金刚笔靠在砂轮机靠手上，左、右移动修整砂轮，使砂轮表面无沟槽、砂粒平整锋利	
刃磨主后刀面和副后刀面	将焊接式硬质合金车刀置于砂轮机靠手上，以刀片下部为刃磨起始位置，用绿色碳化硅砂轮刃磨硬质合金刀片的主后面、副后面，刃磨车刀时应使刃口朝上并看着刃口磨，主切削刃成水平状态。刀具紧贴在靠手上左右移动，保证切削刃应有 7°~8°的工作后角，并使已刃磨好的主切削刃与砂轮侧面的夹角为 90°，副切削刃与砂轮侧面的夹角为 10°~12°	

学习笔记

步骤	操作说明	图　示
刃磨前刀面	将焊接式硬质合金车刀置于砂轮机靠手上，主切削刃刃口朝上，用绿色碳化硅砂轮刃磨刀具的前刀面，刃磨车刀时主切削刃成水平状态，应平看着刃口刃磨。刀具紧贴在靠手上左右移动，刃磨前刀面与基面的夹角为 $5°\sim6°$，主切削刃与基面的夹角为 $2°\sim3°$	
刃磨卷屑槽	将车刀置于砂轮机棱角边缘位置上，使主切削刃与砂轮切线方向一致，从刀具后部逐渐磨向刀尖刃磨卷屑槽	
刃磨过渡刃	刃磨 $90°$ 外圆车刀的过渡刃，过渡刃有直线形和圆弧形两种，刃磨方法与精磨主后面时基本相同	
精磨	用较细粒度绿色碳化硅砂轮精磨主后面、副后面、卷屑槽和过渡刃	
磨负倒棱	刃磨时，用力要轻微，车刀要沿主刀刃的后端向刀尖方向摆动。磨削方法有直磨法和横磨法，多用直磨法。负倒棱的宽度一般为进给量的 $0.5\sim0.8$ 倍，负倒棱倾斜角为 $-5°\sim-10°$	

学习笔记

步骤	操作说明	图　示
研磨	为了保证工件表面加工质量，对精加工使用的车刀，常进行研磨。研磨时，用油石加一些机油，然后在刀刃附近的前面和后面以及刀尖处贴平进行研磨，直到车刀表面光洁	

3. 刃磨车刀的注意事项

（1）刃磨时，握刀姿势要正确，双手拿稳车刀，使刀杆靠于支架，并让被磨表面轻贴砂轮。用力要均匀，不能抖动。

（2）磨碳素钢、高速钢及合金钢时，要及时将发热的刀头放入水中冷却，以防刀刃退火，失去其硬度；磨硬质合金刀具时，不需要进行冷却，否则刀头的急冷会导致刀片碎裂。

（3）在盘形砂轮上磨刀时，尽量避免在砂轮端面上刃磨；在杯形砂轮上磨刀时，不准使用砂轮的内圈。

（4）刃磨时，刀具应往复移动，若固定在砂轮某处磨刀，则会导致该处形成凹坑，不利于以后的刃磨。同时，砂轮表面要经常修整，以保证刃磨质量。

（5）刃磨结束后，随手关闭砂轮机电源。

总结与评价

认识车刀任务实施工作总结 2-3

项目实施总结	
小组成员	完成日期

认识车刀任务评价 2-3

序号	评价项目	项目要求	分值	得分	评价结果
1	认识车刀种类	车刀种类及用途	25		A□（86~100）
2	认识车刀结构	车刀组成及各部分作用	25		B□（76~85）
3	认识车刀材料	车刀材料应用范围	25		C□（60~75）
4	掌握车刀刃磨方法	车刀刃磨步骤	25		D□（60 以下）

任务（四）　认识量具

【任务描述】

量具是实物量具的简称，它是一种在使用时具有固定形态、用以复现或提供给定量的一个或多个已知量值的器具。了解量具种类、结构，并能正确使用量具，培养精益求精的工匠精神。

认识量具工作任务书 2-4

任务一　认识车削加工	任务目标
任务（四）　认识量具 1. 认识游标卡尺使用方法 2. 认识千分尺使用方法 3. 认识百分表使用方法	1. 会游标卡尺使用方法 2. 会千分尺使用方法 3. 会百分表使用方法 4. 培养精益求精的工匠精神
任务布置者	任务承接者

工作任务：

本项目的任务是通过学习认识常用量具种类，了解量具工作原理和维护保养，了解各种量具测量范围。

以工作小组（6 人/组）为单位完成该工作过程。

提交材料

1. 认识量具工作任务资讯工作单
2. 认识量具任务计划工作单
3. 认识量具任务实施工作单
4. 认识量具任务总结。

任务完成时间	2 h

认识量具工作任务资讯工作单 2-4

资讯内容	
资讯记录	
小组成员	完成日期

认识量具任务计划工作单 2-4

计划内容	
计划项目	
小组成员	完成日期

认识量具任务实施工作单 2-4

实施内容	
项目实施记录	
小组成员	完成日期

知识链接

　　为了确保零件加工质量，应对被加工的零件进行尺寸、形状和位置精度的测量。用作测量的工具称为量具。量具的种类很多，现仅介绍常用的几种。

一、游标卡尺

　　游标卡尺是一种常用的量具，具有结构简单、使用方便、精度中等和测量尺寸范围大等特点，可以用它来测量零件的外径、内径、长度、宽度、厚度、深度和孔距等，应用范围很广。

1. 游标卡尺的三种结构型式

　　（1）测量范围为 0~125 mm 的游标卡尺，制成带有刀口型的上下量爪和带有深度尺的型式，如图 2-22 所示。

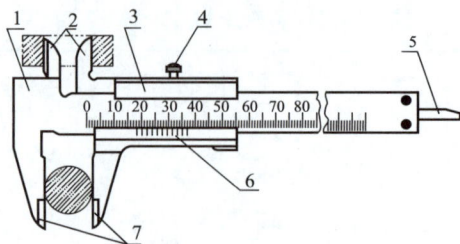

图 2-22　游标卡尺的结构型式（一）

1—尺身；2—上量爪；3—尺框；4—紧固螺钉；5—深度尺；6—游标；7—下量爪

（2）测量范围为 0~200 mm 和 0~300 mm 的游标卡尺，可制成带有内外测量面的下量爪和带有刀口形的上量爪的型式，如图 2-23 所示。

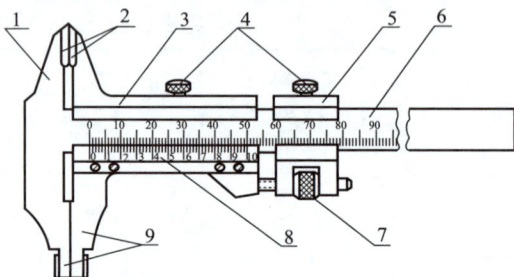

图 2-23　游标卡尺的结构型式（二）

1—尺身；2—上量爪；3—尺框；4—紧固螺钉；5—微动装置；
6—主尺；7—微动螺母；8—游标；9—下量爪

（3）测量范围为 0~200 mm 和 0~300 mm 的游标卡尺，也可制成只带有内外测量面的下量爪的型式，如图 2-24 所示；而测量范围大于 300 mm 的游标卡尺，则只能制成仅带有下量爪的型式。

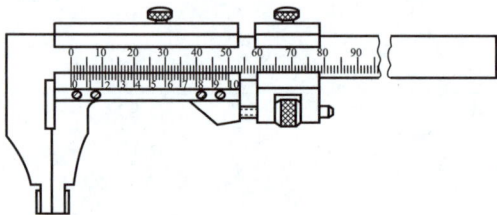

图 2-24　游标卡尺的结构型式（三）

2. 游标卡尺的读数方法

1）游标读数值为 0.05 mm 的游标卡尺

如图 2-25（c）所示，主尺每小格 1 mm，当两爪合并时，游标上的 20 格刚好等于主尺的 39 mm，则

$$游标每格间距 = 39 \text{ mm} \div 20 = 1.95 \text{ mm}$$

$$主尺 2 格间距与游标 1 格间距相差 = 2 - 1.95 = 0.05 （mm）$$

0.05 mm 即为此种游标卡尺的最小读数值。同理，也有游标卡尺游标上的 20 格刚好等于主尺上的 19 mm，其读数原理不变。

在图 2-25（d）中，游标零线在 32 mm 与 33 mm 之间，游标上的第 10 格刻线与主尺刻线对准。所以，被测尺寸的整数部分为 32 mm，小数部分为 10×0.05 = 0.50（mm），被测尺寸为 32+0.55 = 32.50（mm）。

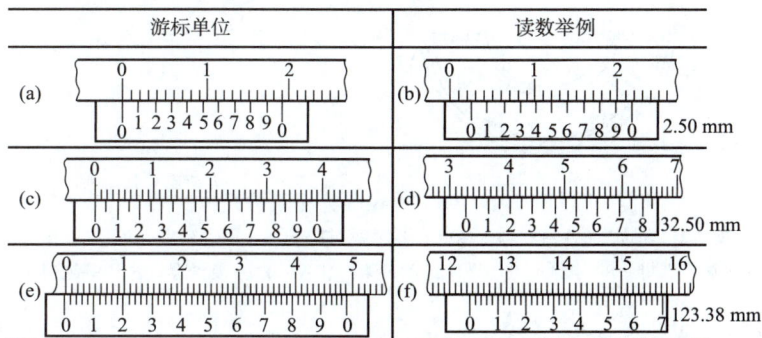

图 2-25 游标零位和读数举例

2）游标读数值为 0.02 mm 的游标卡尺

如图 2-25（e）所示，主尺每小格 1 mm，当两爪合并时，游标上的 50 格刚好等于主尺上的 49 mm，则

$$游标每格间距 = 49\ mm \div 50 = 0.98\ mm$$
$$主尺每格间距与游标每格间距相差 = 1-0.98 = 0.02（mm）$$

0.02 mm 即为此种游标卡尺的最小读数值。

在图 2-25（f）中，游标零线在 123 mm 与 124 mm 之间，游标上的 19 格刻线与主尺刻线对准。所以，被测尺寸的整数部分为 123 mm，小数部分为 19×0.02 = 0.38（mm），被测尺寸为 123+0.38 = 123.38（mm）。

我们希望直接从游标尺上读出尺寸的小数部分，而不要通过上述的换算，为此，把游标的刻线次序数乘其读数值所得的数值标记在游标上这样读数就方便了。

二、外径千分尺

常用外径千分尺来测量或检验零件的外径、凸肩厚度以及板厚或壁厚等（测量孔壁厚度的百分尺，其量面呈球弧形）。千分尺由尺架、测微头、测力装置和制动器等组成。图 2-26 所示为测量范围为 0~25 mm 的外径千分尺。尺架 1 的一端装着固定测砧 2，另一端装着测微头。固定测砧和测微螺杆的测量面上都镶有硬质合金，以提高测量面的使用寿命。尺架的两侧面覆盖着绝热板 12，使用千分尺时，手握住绝热板，防止人体的热量影响千分尺的测量精度。

1. 千分尺的测量范围

千分尺测微螺杆的长度受到制造上的限制，其移动量通常为 25 mm，所以千分尺的测量范围分别为 0~25 mm、25~50 mm、50~75 mm、75~100 mm……每隔 25 mm 为一规格。

2. 外径千分尺读数方法

在千分尺的固定套筒上刻有轴向中线，作为微分筒读数的基准线。另外，为了计算测微螺杆旋转的整数转，在固定套筒中线的两侧刻有两排刻线，刻线间距均为 1 mm，上下两排相互错开 0.5 mm。

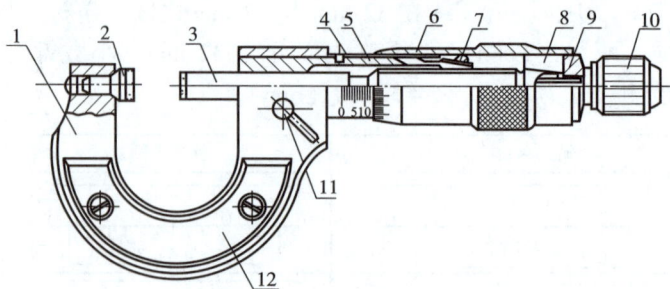

图 2-26　0~25 mm 外径百分尺

1—尺架；2—固定测砧；3—测微螺杆；4—螺纹轴套；5—固定刻度套筒；6—微分筒；
7—调节螺母；8—接头；9—垫片；10—测力装置；11—锁紧螺钉；12—绝热板

千分尺的具体读数方法可分为三步：

（1）读出固定套筒上露出的刻线尺寸，一定要注意不能遗漏应读出的 0.5 mm 的刻线值。

（2）读出微分筒上的尺寸，要看清微分筒圆周上哪一格与固定套筒的中线基准对齐，将格数乘 0.01 mm 即得微分筒上的尺寸。

（3）将上面两个数相加，即为千分尺上测得尺寸。

如图 2-27（a）所示，在固定套筒上读出的尺寸为 8 mm，微分筒上读出的尺寸为 27（格）×0.01 mm = 0.27 mm，两数相加即得被测零件的尺寸为 8.27 mm；如图 2-27（b）所示，在固定套筒上读出的尺寸为 8.5 mm，在微分筒上读出的尺寸为 27（格）×0.01 mm = 0.27 mm，两数相加即得被测零件的尺寸为 8.77 mm。

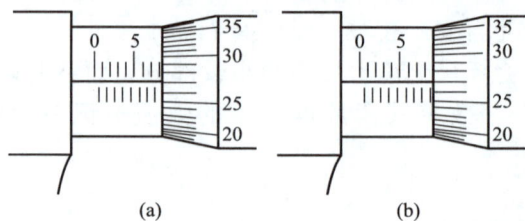

(a)　　　　　　　　(b)

图 2-27　固定套筒读数

三、百分表

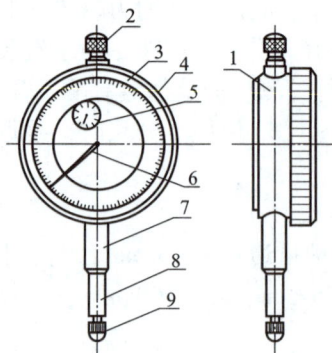

图 2-28　百分表

1—表壳；2—圆头；3—表盘；4—表圈；
5—转数指示盘；6—指针；7—套筒；
8—测量杆；9—测量头

百分表是用来校正零件或夹具的安装位置及检验零件的形状精度或相互位置精度的，百分表的读数值为 0.01 mm。

百分表的外形如图 2-28 所示。8 为测量杆，6 为指针，表盘 3 上刻有 100 个等分格，其刻度值（即读数值）为 0.01 mm。当指针转一圈时，小指针即转动一小格，转数指示盘 5 的刻度值为 1 mm。当用手转动表圈 4 时，表盘 3 也跟着转动，可使指针对准任一刻线。测量杆 8 是沿着套筒 7 上下移动的，套筒 7 可用于安装百分表。9 是测量头，2 是手提测量杆用的圆头。

1. 百分表的测量范围

目前，国产百分表的测量范围（即测量杆的最大移动量）有 0~3 mm、0~5 mm、0~10 mm 三种。读数值为 0.001 mm 的千分表，测量范围为 0~1 mm。

2. 百分表的使用方法

（1）使用前，应检查测量杆活动的灵活性，即轻轻推动测量杆时，测量杆在套筒内的移动要灵活，没有任何轧卡现象，且每次放松后，指针能回到原来的刻度位置。

（2）必须把它固定在可靠的夹持架上（如固定在万能表架或磁性表座上，见图 2-29），夹持架要安放平稳，以免使测量结果不准确或摔坏百分表。

用夹持百分表的套筒来固定百分表时，夹紧力不要过大，以免因套筒变形而使测量杆活动，不灵活。

图 2-29　安装在专用夹持架上的百分表

总结与评价

认识量具任务实施工作总结 2-4

项目实施总结	
小组成员	完成日期

认识量具任务评价 2-4

序号	评价项目	项目要求	分值	得分	总评
1	测量零件轴向尺寸	正确使用游标卡尺测量长度尺寸	25		A□（86~100） B□（76~85） C□（60~75） D□（60以下）
2	测量零件径向尺寸	正确使用游标卡尺测量内孔尺寸	25		
		正确使用游标卡尺测量外形尺寸	25		
		正确使用千分尺测量外形尺寸	25		

任务二　车削短轴

　　轴类零件在整个制造工业中发挥着重要作用，如在汽车领域起着连接动力装置和运动装置的作用，在重型机械领域起着传动动力、吊卸重物等作用。短轴作为轴类零件的一种，在整个轴类零件中也扮演着重要角色。通过学习能掌握轴类零件的车削加工方法；了解不同表面的刀具选择原理；能正确控制加工要素和精车的尺寸精度；掌握轴类零件的测量方法。培养严谨细致、规范熟练、安全高效的时代工匠精神。

任务（一）　车削外圆、端面

【任务描述】

　　在车床上用车刀去除材料，对回转体直径方向进行加工的方法叫作车外圆。有台阶时，加工与外圆相垂直的面，称作车端面。掌握外圆、端面和倒角的加工方法和尺寸测量方法，培养严谨细致、规范熟练和安全高效的时代工匠精神。

车削外圆、端面工作任务书2-5

任务二　车削短轴	任务目标
任务（一）　车削外圆、端面 1. 掌握外圆、端面和倒角的加工过程及加工方法 2. 学会测量工件外圆和端面 3. 学会选择切削刀具	1. 会外圆、端面和倒角的加工过程及加工方法 2. 会测量工件外圆和端面 3. 会选择、安装刀具 4. 培养严谨细致、规范熟练、安全高效的时代工匠精神
技术文件	30 $\phi 40_{-0.1}^{0}$ 技术要求　　　　　$\sqrt{Ra1.6}$ ($\sqrt{}$) 1. 表面去毛刺； 2. 未注倒角C1。

工作任务

本项目的任务是掌握外圆、端面和倒角的加工方法，完成短圆柱车削加工。

以工作小组（6人/组）为单位完成该工作过程。

提交材料

1. 车削外圆、端面工作任务资讯工作单

2. 车削外圆、端面任务计划工作单

3. 车削外圆、端面任务实施工作单

4. 车削外圆、端面任务总结

任务完成时间	1 h

车削外圆、端面工作任务资讯工作单 2-5

资讯内容	
资讯记录	
小组成员	完成日期

车削外圆、端面任务计划工作单 2-5

计划内容	
计划项目	
小组成员	完成日期

车削外圆、端面任务实施工作单 2-5

实施内容	
项目实施记录	
小组成员	完成日期

知识链接

一、车外圆的特点

将工件装夹在卡盘上做旋转运动，车刀安装在刀架上做纵向移动，即可车出外圆柱。车削这类零件时，除了要保证图样的标注尺寸、公差和表面粗糙度外，一般还应注意形位公差的要求，如垂直度和同轴度的要求。

机器上的许多零件都是由端面和台阶组成，如车床主轴上的台阶、车床花盘上的端面等。端面与台阶一般用来支撑其零件表面，故要求端面和台阶的面必须垂直于零件的中心线。

二、车端面常用的偏刀

常用的偏刀按其主偏角（κ_r）不同可分为90°、75°和45°三种。

1. 90°车刀

90°车刀又称偏刀，按车削工件时进给方向的不同分为左偏刀和右偏刀两种。

（1）左偏刀又称反偏刀，其主切削刃在刀体的右侧［见图2-30（b）］，是由左面纵向进给（反向走刀）切削。

（2）右偏刀又称正偏刀，其主切削刃在刀体的左侧［见图2-30（b）］，是由右面纵向进给切削。

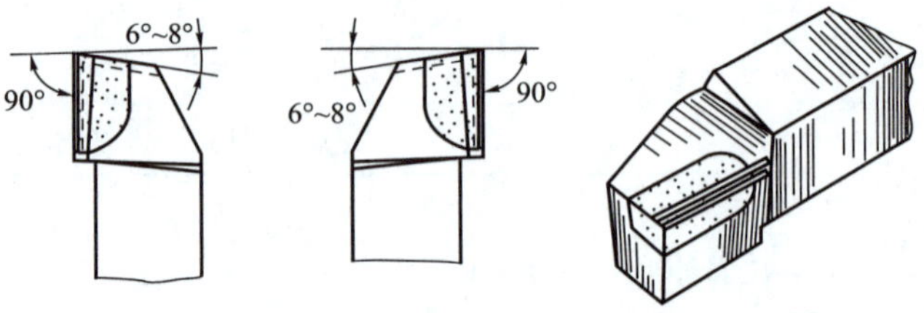

图2-30　90°偏刀

（a）右偏刀；（b）左偏刀；（c）右偏刀外形

（3）右偏刀一般用来车削工件的外圆、端面和右向台阶，因为它的主偏角较大，车削外圆时作用于工件的径向切削力较小，故不容易将工件顶弯。

偏刀的使用如图2-31所示。

（4）90°车刀车削端面时切削用量的选择。

① 吃刀深度 a_p 的选择：粗车工件时吃刀深度 $a_p = 2 \sim 5$ mm；精车工件时吃刀深度 $a_p = 0.2 \sim 1$ mm。

② 进给量 f 的选择：粗车工件时进给量 $f = 0.3 \sim 0.7$ mm/r；精车工件时进给量 $f = 0.1 \sim 0.3$ mm/r。

③ 切削速度 v_c 的选择：车端面时的切削速度是随工件直径的减小而减小的，但计算时可按端面的最大直径计算。

2. 75°车刀

75°刀尖角（ε_y）大于90°，刀头强度高，耐用度高，适用于粗车轴类工件的外

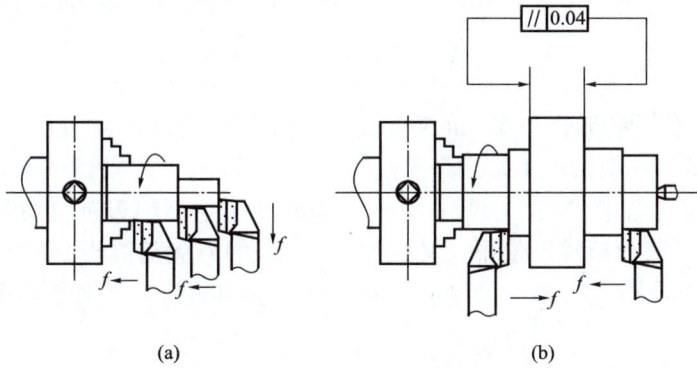

图 2-31　偏刀的使用

圆和强力切削铸件、锻件等余量较大的工件。

75°车刀车削外圆面［见图 2-32（a）］。75°左偏刀是利用主切削刃进行车削，因而车削顺利，也可车出表面粗糙度较小的平面。由于其刀尖强度好，车刀的使用寿命也较长，故还可车削铸件、锻件的大平面，如图 2-32（b）所示。

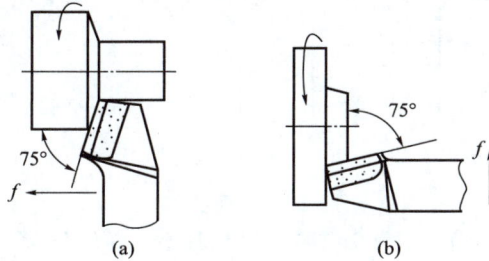

图 2-32　75°车刀的使用

75°硬质合金车刀的几何角度如图 2-33 所示。

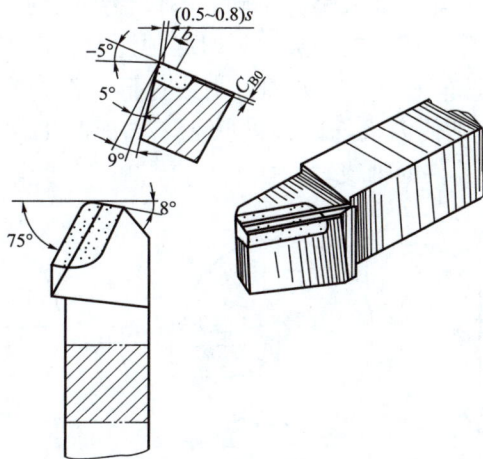

图 2-33　75°硬质合金车刀的几何角度

（1）主偏角 $\kappa_r = 75°$；副偏角 $\kappa_r' \approx 8°$。

（2）粗车工件时采用 0°~3°的刃倾角 λ_s，以增加刀头的强度。

（3）后角 $\alpha_0 = 5°~9°$。

（4）车刀前角 γ_0 由工件材料以及车刀的材料来确定，车削钢料时必须磨有断屑槽。

3. 45°车刀

45°车刀又称弯头刀，按车削时进给方向的不同分为左弯头刀和右弯头刀两种，如图2-34所示，一般情况下常用于车削工件的端面和45°倒角，也可以用来车削外圆不规则的工件，如图2-35所示。车削端面时利用主切削刃进行切削，使切削顺利，车出工件的表面粗糙度值小。又因为45°车刀的刀尖角等于90°，刀头强度大，因此也可使用于车削工件较大的平面，同时可用主切削刃进行倒角和车外圆，如图2-35所示。

45°车刀的几何角度：

（1）主偏角 κ_r 和副偏角 κ_r' 都等于45°。

（2）前角 ε_r 由工件材料以及车刀的材料来确定，车削钢料时必须磨有断屑槽。

（3）后角 $\alpha_0 = 5° \sim 7°$。

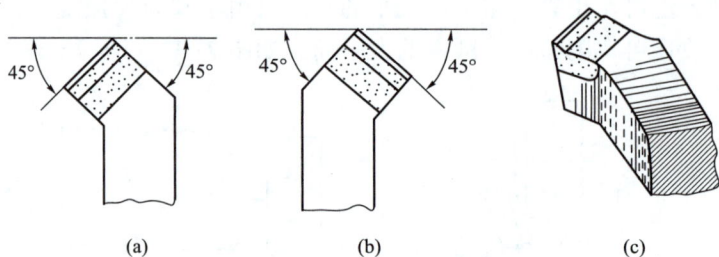

（a） （b） （c）

图2-34 弯头刀

（a）右弯头刀；（b）左弯头刀；（c）弯头刀外形

三、车刀的安装

在车削加工过程中，车刀装夹是否正确，不仅会影响到切削时的工作角度，还会影响到工件的加工质量。因此在装夹车刀时必须注意，车刀刀尖要与工件的轴线等高，如图2-36所示。车刀刀尖装夹的过高或过低，都会改变车刀前角和后角的实际工作角度，如过高则使刀尖崩碎，过低在车端面时工件中心会留有凸台。因此，车刀刀尖必须对准工件的轴线。

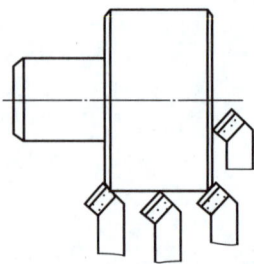

图2-35 弯头刀的使用

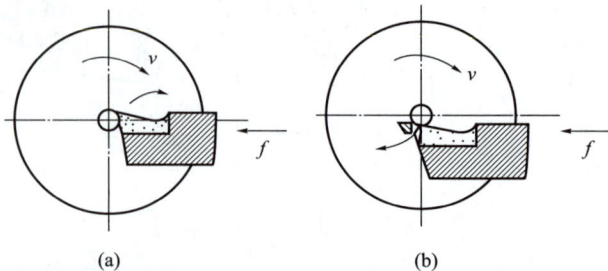

（a） （b）

图2-36 车刀刀尖未对准工件中心使刀尖崩碎

在生产过程中，装夹车刀通常采用以下几种方法：

（1）先把工件装夹在车床卡盘上，然后用左、右手分别摇动大滑板和中滑板手轮，使装夹在刀架上的车刀逐渐接近工件的端面，用目测的方法去估计车刀刀尖是否对准工件的中心，然后用刀架扳手（不能用加力管）压紧车刀并试车工件端面，再根据工件中心来调整车刀刀尖的高度。

（2）选用一个顶尖，即固定顶尖或活顶尖，将其插入到机床尾座的套筒中，再用左、右手分别摇动大滑板和中滑板手轮，使装夹在刀架上的车刀逐渐接近顶尖，然后根据顶尖中心来确定车刀刀尖的高低，如图2-37（b）所示。

（3）采用钢直尺直接测量车刀刀尖到床身导轨面的垂直距离是否等于车床的主轴中心高度值，如图2-37（a）所示。

（4）第一把车刀高度采用上述三种方法确定后，从刀架上卸下车刀，把车刀连同垫片一起放置于车床中滑板的导轨上，用刀尖在中滑板的端面上划一道横线，当安装另一把车刀时，只要车刀刀尖对准横线即可。这种方法在加工过程中常被采用。

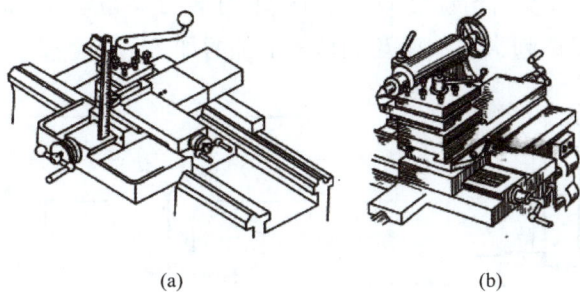

(a)　　　　　　　　　　　(b)

图 2-37　装夹车刀
（a）用钢直尺；（b）用后顶尖

1. 工件的装夹

车削工件的端面时，首先把工件装夹在卡盘上并用找正盘的划针校正工件的外圆及端面，如图2-38所示。但要注意的是在卡盘上装夹工件时，工件伸出的长度应尽量短一些，否则工件伸出卡盘过长，其刚性变差，在车削时会产生抖动，导致车刀无法进行车削加工，并且还容易损坏车刀。

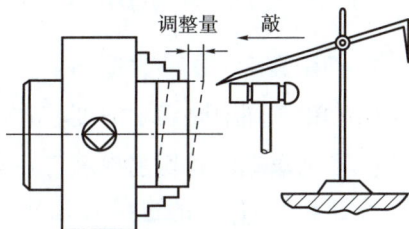

图 2-38　工件装夹

2. 车端面的方法

（1）90°右偏刀车端面。90°右偏刀车端面一般适用于车削带有台阶的工件。通常情况下，车刀是用副切削刃由工件的外缘处向工件的中心车削。在车削过程中车刀的副切削刃变成了主切削刃，作用在车刀上的切削力 F 迫使90°右偏刀扎入工件，使车出的平面呈内凹形，如图2-39（a）所示。为避免上述现象，可采用车刀的主切削刃从轴的中心向外缘进给车削，如图2-39（b）所示。这时作用在车刀上的切削力 F 向外推车刀，只要车刀有足够的刚性和装夹牢固，车出的平面就不会出现凹面或凸面，也就不会出现扎刀现象。若90°右偏刀的主切削刃崩刃而损坏，则可在副切削刃上刃磨出前角，使之改为端面车刀［见图2-39（c）］车削。

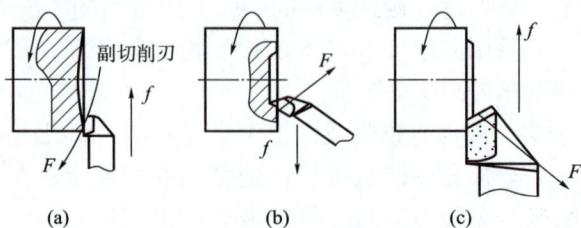

图 2-39　90°右偏刀车端面

（2）90°左偏刀车端面（见图 2-40），左偏刀是用主切削刃进行切削加工的，切削顺利，车出的表面粗糙度也较小。由于其刀尖角小于90°，故其刀尖的强度要比45°车刀差，适用于车削外径较大而长度较短的工件端面。

（3）45°车刀车端面（见图 2-41）。45°车刀是用主切削刃进行切削加工的，切削顺利，车出工件的表面粗糙度较小。45°车刀的刀尖角等于90°，刀尖强度要比90°车刀高，适用于车削带有端面及倒角的工件的加工。

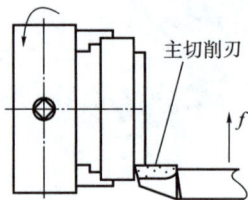

图 2-40　90°左偏刀车端面

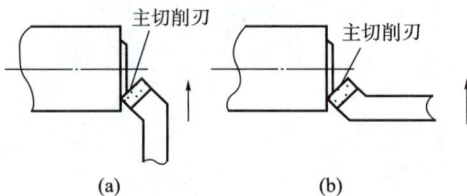

图 2-41　45°车刀车端面

四、车端面时切削用量的选择

1. 切削深度（a_p）的选择

（1）粗车端面时切削深度：$a_p = 2 \sim 5$ mm。

（2）精车端面时切削深度：$a_p = 0.5 \sim 1$ mm。

2. 进给量（f）的选择

（1）粗车端面时进给量：$f = 0.3 \sim 0.7$ mm/r。

（2）精车端面时进给量：$f = 0.1 \sim 0.2$ mm/r。

3. 切削速度（v）

车端面时的切削速度要根据工件直径的减小而减小，计算时要按工件端面的最大直径来计算。

五、车端面的方法

首先，开动车床使卡盘带动工件旋转即正转，摇动大滑板或小滑板手轮靠近工件的端面，使车刀的刀尖轻轻与被加工工件的端面接触（又称对刀），摇动小滑板手轮进刀并控制切削深度。用专用的扳手锁紧大滑板（见图 2-42），然后摇动中滑板手柄，使中滑板（即刀架）做横向进给运动并进行车削。车刀由工件外圆边缘向工件中心车削，也可从工件的中心向外缘车削，如图 2-43 所示。

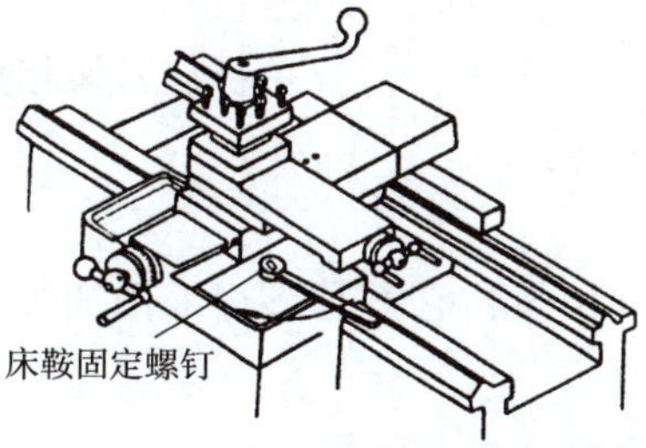

图 2-42　用专用扳手锁紧大滑板

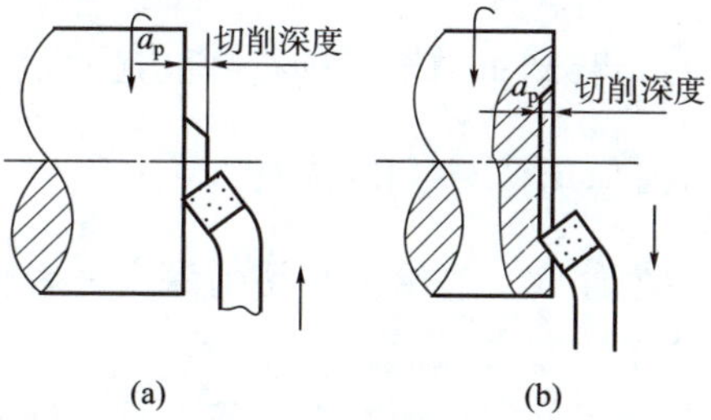

图 2-43　车削工件

六、外圆车刀的选择和安装

1. 外圆车刀的选择

常用外圆车刀有尖刀、弯头刀和偏刀。

外圆车刀常用主偏角有 15°、75°、90°。

（1）尖刀主要用于粗车外圆和没有台阶或台阶不大的外圆。

（2）弯头刀用于车外圆、端面和有 45°斜面的外圆，特别是 45°弯头刀应用较为普遍。

（3）主偏角为 90°的左右偏刀，车外圆时，径向力很小，常用来车削细长轴的外圆。圆弧刀的刀尖具有圆弧，可用来车削具有圆弧台的外圆。

各种外圆车刀均可用于倒角。

2. 外圆车刀的安装

（1）刀尖应与工件轴线等高。

（2）刀杆应与工件轴线垂直。

（3）刀杆伸出刀架不宜过长，一般为刀杆厚度的 1.5~2 倍。

（4）刀杆垫片应平整，尽量用厚垫片，以减少垫片数量。

（5）车刀位置调整好后应固紧。

七、工件的安装

在车床上装夹工件的基本要求是定位准确、夹紧可靠，所以车削时必须把工件夹在车床的夹具上，经过校正、夹紧，使它在整个加工过程中始终保持正确的位置，这个工作叫作工件的安装。在车床上安装工件应使被加工表面的轴线与车床主轴回转轴线重合，以保证工件处于正确的位置；同时要将工件夹紧，以防在切削力的作用下工件松动或脱落，保证工作安全。

车床上安装工件的通用夹具（车床附件）很多，其中三爪卡盘用得最多。由于三爪卡盘的三个爪是同时移动自行对中的，故适宜安装短棒或盘类工件。反爪用以夹持直径较大的工件。由于制造误差和卡盘零件的磨损等，三爪卡盘的定心准确度为 0.05~0.15 mm。工件上同轴度要求较高的表面应在一次装夹中车出。

三爪卡盘是靠其法兰盘上的螺纹直接旋装在车床主轴上。

三爪卡盘安装工件的步骤：

（1）将工件在卡爪间放正，轻轻夹紧。

（2）开机，使主轴低速旋转，检查工件有无偏摆。若有偏摆，应停车后轻敲工件纠正，然后拧紧三个卡爪，固紧后须随即取下扳手，以保证安全。

（3）移动车刀至车削行程的最左端，用手转动卡盘，检查是否与刀架相撞。

八、切削用量的选择

切削速度、进给量和切削深度三者称为切削用量，它们是影响工件加工质量和生产效率的重要因素。

车削时，工件加工表面最大直径处的线速度称为切削速度，以 v（m/min）表示，其计算公式为

$$v = \pi d n / 1\,000\,(\text{m/min})$$

式中：d——工件待加工表面的直径（mm）；

n——车床主轴每分钟的转速（r/min）。

工件每转一周，车刀所移动的距离称为进给量，以 f（mm/r）表示；车刀每一次切去的金属层的厚度称为切削深度，以 a_p（mm）表示。

为了保证加工质量和提高生产率，零件加工应分阶段，中等精度的零件，一般按粗车—精车的方案进行。

粗车的目的是尽快地从毛坯上切去大部分的加工余量，使工件接近要求的形状和尺寸。粗车以提高生产率为主，在生产中加大切削深度对提高生产率最有利；此外，可适当加大进给量，即采用中等或中等偏低的切削速度。

使用高速钢车刀进行粗车的切削用量推荐如下：切削深度 $a_p = 0.8 \sim 1.5$ mm，进给量 $f = 0.2 \sim 0.3$ mm/r，切削速度 $v = 30 \sim 50$ m/min（切钢）。

粗车铸、锻件毛坯时，因工件表面有硬皮，为保护刀尖，应先车端面或倒角，第一次切深应大于硬皮厚度。若工件夹持的长度较短或表面凹凸不平，则切削用量不宜过大。

粗车应留有 $0.5 \sim 1$ mm 作为精车余量。粗车后的精度为 IT14 ~ IT11，表面粗糙度 Ra 值一般为 $12.5 \sim 6.3$ μm。

精车的目的是保证零件尺寸精度和表面粗糙度的要求，生产率应在此前提下尽可能提高。一般精车的精度为 IT8 ~ IT7，表面粗糙度值 $Ra = 3.2 \sim 0.8$ μm，所以精车是以提高工件的加工质量为主。切削用量应选用较小的切削深度 $a_p = 0.1 \sim 0.3$ mm 和较小的进给量 $f = 0.05 \sim 0.2$ mm/r，切削速度可取大些。

精车的另一个突出问题是保证加工表面的表面粗糙度要求，减小表面粗糙度 Ra 值的主要措施有以下几点：

（1）合理选用切削用量。选用较小的切削深度 a_p 和进给量 f，可减小残留面积，使 Ra 值减小。

（2）适当减小副偏角 κ_r'，或刀尖磨有小圆弧，以减小残留面积，使 Ra 值减小。

（3）适当加大前角 γ_0，将刀刃磨得更为锋利。

（4）用完后加机油打磨车刀的前、后刀面，使其 Ra 值达到 $0.2 \sim 0.1$ μm，可有效减小工件表面的 Ra 值。

（5）合理使用切削液，也有助于减小加工表面粗糙度 Ra 值。低速精车钢件使

用乳化液或机油，若用低速精车铸铁件，则应使用煤油；较高速精车铸铁件，一般不使用切削液。

九、车外圆操作步骤

车刀和工件在车床上安装以后，即可开始车削加工。在加工中必须按照以下步骤进行：

（1）选择主轴转速和进给量，调整有关手柄位置。

（2）对刀，移动刀架，使车刀刀尖接触工件表面，对零点时必须开车。

（3）对完刀后，用刻度盘调整切削深度。在用刻度盘调整切深时，应了解中滑板刻度盘的刻度值，就是每转过一小格时车刀的横向切削深度值。然后根据切深，计算出需要转过的格数。C616 车床中滑板刻度盘的刻度值每一小格为 0.04 mm（直径的变动量）。

（4）试切。检查切削深度是否准确，横向进刀。

在车削工件时要准确、迅速地控制切深，必须熟练地使用中滑板的刻度盘。中滑板刻度盘装在横丝杠轴端部，中滑板和横丝杠的螺母紧固在一起。由于丝杠与螺母之间有一定的间隙，故进刻度时必须慢慢地将刻度盘转到所需的格数。如果刻度盘手柄摇过了头，或试切后发现尺寸太小而须退刀，为了消除丝杠和螺母之间的间隙，应反转半周左右，再转至所需的刻度值上。

（5）纵向自动进给车外圆。

（6）测量外圆尺寸。

对刀、试切、测量是控制工件尺寸精度的必要手段，是车床操作者的基本功，一定要熟练掌握。

十、车床安全操作规程

为了保持车床的精度，延长其使用寿命，以及保障人身和设备的安全，操作时必须严格遵守下列安全操作规程：

（1）工作服穿着整齐，女同学戴好工作帽。

（2）开车前必须检查车床各手柄及运转部分是否正常。

（3）工件要卡正、夹紧，装卸工件后卡盘扳手必须随手取下。

（4）车刀要夹紧，方刀架要锁紧。装好工件和车刀后，进行加工极限位置检查。

（5）必须停车变速。车床运转时，严禁用手去摸和测量工件，不能用手去拉切屑。

（6）车床导轨上严禁放工、刀、量具及工件。

（7）开车后不许离开机床，要精神集中操作。

（8）下班时，擦净机床，整理场地，切断机床电源，将大拖板及尾架摇到车床导轨后端，在导轨表面加油润滑。

（9）加工过程中，如发现车床运转声音不正常或发生故障，应立即切断电源，报告师傅听从指挥。

车削外圆、端面实施参考步骤见表2-2。

表 2-2　车削外圆、端面实施参考步骤

加工步骤	操作图解	操作说明
装夹刀具	—	—
装夹工件		将工件放置于 C6132 车床卡盘中，伸出长度 20 mm 左右，夹紧工件，在刀架中安装外圆车刀和端面车刀，刀具伸出长度 20 mm
车削端面		调节转速 $n=560$ r/min，调整进给速度为 0.2 mm/r，采用自动进给方式，每次切削端面厚度 1 mm
车削外圆		调节转速 $n=560$ r/min，调整进给速度为 0.2 mm/r，采用自动进给方式，每次切削外圆厚度 2~3 mm。精车调节转速 $n=700$ r/min，调整进给速度为 0.1 mm/r
尺寸检查		测量外圆尺寸和长度

总结与评价

车削外圆、端面任务实施工作总结 2-6

项目实施总结	
小组成员	完成日期

车削外圆、端面任务评价 2-6

序号	评价项目	项目要求	分值	得分	总评
1	尺寸控制	外圆尺寸控制方法	25		A□（86~100）
		长度尺寸控制方法	25		B□（76~85）
2	表面粗糙度	表面粗糙度控制方法	25		C□（60~75）
3	刀具使用	合理选择车削刀具	25		D□（60 以下）

任务（二）　滚花

用滚花刀将工件表面滚压出直纹或网纹的方法称为滚花。工件经过滚花之后，可增加美感，便于把持，常用于千分套管、绞杠扳手等零件的外表面加工。通过学习掌握滚花刀的种类及用途、滚花的方法、滚花的安全操作，培养严谨细致、规范熟练、安全高效的时代工匠精神。

滚花工作任务书 2-7

任务二　车削短轴	**任务目标**
任务（二）　滚花 1. 掌握滚花的加工技术及加工方法 2. 学会检查滚花质量 3. 学会选择切削刀具	1. 会外滚花的加工技术及加工方法 2. 会检测工件滚花质量 3. 会选择、安装刀具 4. 培养严谨细致、规范熟练、安全高效的时代工匠精神
技术文件	 30 10　网纹0.3 $\phi 40_{-0.1}^{0}$ 技术要求 1. 表面去毛刺； 2. 未注倒角 C1。

工作任务

本项目的任务是掌握滚花加工技术及加工方法。

以工作小组（6 人/组）为单位完成该工作过程。

提交材料

1. 滚花工作任务资讯工作单
2. 滚花任务计划工作单
3. 滚花任务实施工作单
4. 滚花任务总结

任务完成时间	0.5 h

滚花工作任务资讯工作单 2-7

资讯内容	

资讯记录	
小组成员	完成日期

滚花任务计划工作单 2-7

计划内容	
计划项目	
小组成员	完成日期

滚花任务实施工作单 2-7

实施内容	
项目实施过程	
小组成员	完成日期

知识链接

　　对于某些工具和机床零件的捏手部位，为了增加摩擦力及使零件表面美观，往往在零件表面上滚出各种不同的花纹。例如，车床的刻度盘，外径千分尺的微分筒以及攻螺纹用的铰杠，套螺纹用的板牙架等，这些花纹一般是在车床上用滚花刀滚压而成的。用滚花工具在工件表面上滚压出花纹的加工称为滚花，如图 2-44 所示。

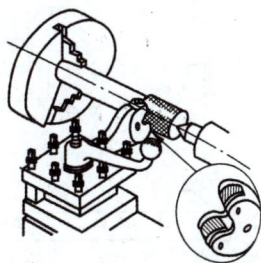

图 2-44　滚花原理

一、滚花的简介（GB/T 6403.3—2008）

（1）滚花的花纹形式有直纹和网纹两种，如图 2-45 所示。花纹有粗细之分，并用模数 m 区分，模数越大，花纹越粗。

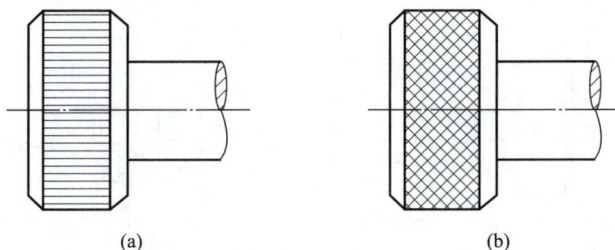

图 2-45　花纹型式
（a）直纹花纹；（b）网纹花纹

（2）滚花花纹的形状是假定工件直径无穷大时花纹的垂直截面，如图 2-46 所示。

（3）滚花的标记。

① 模数 $m = 0.3$ mm 的直纹滚花标记为：直纹 m 0.3 GB/T 6403.3—2008。

② 模数 $m = 0.4$ mm 的网纹滚花标记为：网纹 m 0.4 GB/T 6403.3—2008。

图 2-46　花纹的形状
P—节距；r—圆角半径；h—花纹深度

二、滚花刀的种类

车床上滚花使用的工具称滚花刀。滚花刀一般有单轮、双轮和六轮三种，如图 2-47 所示。单轮滚花刀由直纹滚轮和刀柄组成，用来滚直纹；双轮滚花刀由两只旋向不同的滚轮、浮动连接头及刀柄组成，用来滚网纹；六轮滚花刀由三对不同模数的滚轮，通过浮动连接头与刀柄组成一体，可以根据需要滚出三种不同模数的网纹。

三、滚花刀的装夹

滚花刀装夹在车床方刀架上，滚花刀的装刀（滚轮）中心与工件回转中心等高。当滚压有色金属或对滚花表面要求较高的工件时，滚花刀滚轮轴线应该与工件

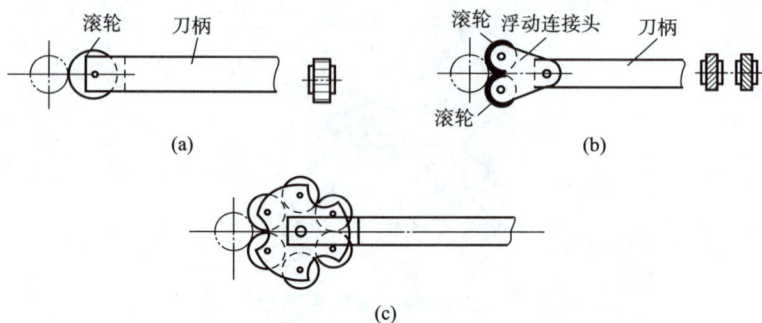

图 2-47　滚花刀的种类

（a）单轮滚花刀；（b）双轮滚花刀；（c）六轮滚花刀

轴线平行，如图 2-48（a）所示；滚压碳素钢或对滚花表面要求一般的工件时，可使滚花刀刀柄尾部向左偏斜 3°～5° 装夹，以便切入工件表面且不易产生乱纹，如图 2-48（b）所示。

图 2-48　滚花刀的装夹

（a）平行装夹；（b）倾斜装夹

四、滚花的方法

（1）滚花前的工件直径确定。由于滚花过程是利用滚花刀的滚轮来滚压工件表面的金属层，使其产生一定的塑性变形而形成花纹的，随着花纹的形成，滚花后工件的直径会增大。因此，在滚花前滚花表面的直径应相应车小$(0.5～1.5)m$（m 为模数）。

（2）将滚花刀正确装夹在刀架上，使滚花刀的表面与工件表面平行接触。在滚花刀接触工件开始滚压时，挤压力要大，使工件圆周上一开始就形成较深的花纹，这样就不易产生乱纹。

图 2-49　滚花刀横向进给位置

（3）为了减小滚花开始时的径向压力，可以使滚轮表面宽度的 1/3～1/2 与工件表面接触，使滚花刀容易切入工件表面，如图 2-49 所示。在停机检查花纹符合要求后，即可纵向机动进给，反复滚压 1～3 次，直至花纹凸出达到要求为止。

（4）滚花时，应选取较低的切削速度，并应充分浇注切削液，以防止滚轮发热损坏。

（5）由于滚花时径向压力较大，所以工件装夹必须牢靠。尽管如此，滚花时出现工件乱纹现象仍是难免的。因此在加工带有滚花的工件时，通常采用先滚花，再找正工件，然后再精车的方法。

滚花的实施步骤见表2-3。

表2-3　滚花的实施步骤

加工步骤	操作图解	操作说明
装夹刀具	—	—
装夹工件		将工件放置在卡盘中，伸出长度20 mm左右，夹紧工件
调节滚花花纹		调节转速$n=90$ r/min，在滚花刀接触工件开始滚压时，挤压力要大，使工件圆周上一开始就形成较深的花纹
滚花		调节转速$n=90$ r/min，进给速度$f=0.3$mm/r，滚花至10 mm长度
检查滚花	—	检查滚花的深度和均匀程度

[改进措施]

滚花时产生乱纹的原因及预防措施。

滚花最常出现的问题就是乱纹，乱纹产生的原因有很多，常见问题产生原因及预防方法参见表2-4。

表2-4　滚花时乱纹产生的原因及预防方法

废品种类	产生原因	预防方法
乱纹	1. 工件外径周长不能被滚花刀模数m整除； 2. 滚花开始时，吃刀压力太小，或者滚花刀与工件表面接触面大； 3. 滚花刀转动不灵活，或者滚花刀与刀杆小轴配合间隙太大； 4. 工件转速太高，滚花刀与工件表面产生滑动； 5. 滚花前没有清除滚花刀中的细屑，或者滚花刀齿部磨损； 6. 滚花开始时，滚花刀与工件接触面积太大，使单位面积压力变小，易使形成的花纹微浅，出现乱纹	1. 可以把外圆车小一些； 2. 开始滚花时就要使用较大的压力，把滚花刀装成一个很小的角度； 3. 检查连接部件或者调换小轴； 4. 降低转速； 5. 清除细屑或者更换滚花刀； 6. 减小滚花刀与工件的接触面积

总结与评价

滚花任务实施工作总结 2-7

项 目 实 施 总 结	
小组成员	完成日期

滚花任务评价 2-7

序号	考核内容		分值	得分	总评
1	滚花刀	掌握滚花刀种类	25		A□（86~100）
2		正确选择刀具网纹类型	25		B□（76~85）
3	滚花操作	掌握滚花操作方法	25		C□（60~75）
4	滚花技术	滚花加工参数选择	25		D□（60 以下）

任务二　钻中心孔、钻孔

【任务描述】

在工件安装中，一夹一顶或两顶尖的装夹方式都要先预制中心孔，在钻孔时为了保证同轴度也往往要先钻中心孔来决定中心位置。在车床上钻孔加工也是比较常见的工艺，如齿轮、轴套、带轮、盘盖类等零件的孔，都必须先进行钻孔加工。钻中心孔和钻孔是车工必须掌握的基本技能。通过学习了解中心钻、麻花钻的结构及应用，掌握钻中心孔和钻孔的加工方法，培养严谨细致、规范熟练、安全高效的时代工匠精神。

钻中心孔、钻孔工作任务书 2-8

项目一　车削加工	任务目标
任务三　钻中心孔、钻孔 1. 掌握钻中心孔、钻孔的加工过程及加工方法 2. 学会检查钻中心孔、钻孔质量 3. 学会选择、安装切削刀具	1. 会钻中心孔、钻孔加工过程及加工方法 2. 会检测工件钻中心孔、钻孔质量 3. 会选择、安装刀具 4. 培养严谨细致、规范熟练、安全高效的时代工匠精神
技术文件	

工作任务

本项目的任务是掌握钻中心孔、钻孔的加工方法及检测方法。

以工作小组（6 人/组）为单位完成该工作过程。

提交材料

1. 钻中心孔、钻孔工作任务资讯工作单
2. 钻中心孔、钻孔任务计划工作单
3. 钻中心孔、钻孔任务实施工作单
4. 钻中心孔、钻孔任务总结

任务完成时间	0.5 h

钻中心孔、钻孔工作任务资讯工作单 2-8

资讯内容	
资讯记录	
小组成员	完成日期

钻中心孔、钻孔任务计划工作单 2-8

计划内容	
计划项目	
小组成员	完成日期

钻中心孔、钻孔任务实施工作单 2-8

实施内容	
项目实施记录	
小组成员	完成日期

一、中心孔

1. 中心孔的种类和结构

中心孔按其结构分为普通中心孔（A 型）、具有保护锥的中心孔（B 型）、有内螺纹和保护锥的中心孔（C 型）以及弧形中心孔（R 型）四种，如图 2-50 所示。

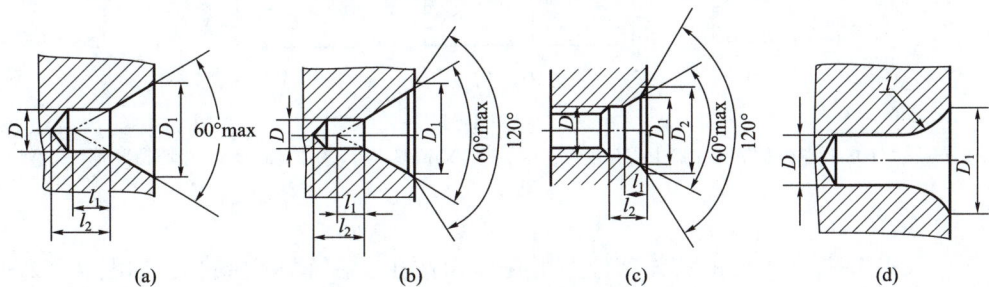

图 2-50　中心孔的种类和结构

（a）A 型；（b）B 型；（c）C 型；（d）R 型

（1）普通中心孔（A 型）：由圆锥孔和圆柱孔组成，圆锥孔锥角为 60°，起定心作用，并承受零件的重力和切削力；圆柱孔用于储存润滑油，并防止顶尖头触及工件，用于精度要求不高的零件。

（2）具有保护锥的中心孔（B 型）：在 A 型中心孔的端部再加工出 120° 的保护圆锥面，防止 60° 锥面碰伤而影响中心孔的精度，便于加工端面，用于精度要求较高、工序较多的零件。

（3）有内螺纹和保护锥的中心孔（C 型）：在 B 型中心孔的 60° 锥面后加工一短圆柱孔（防止攻螺纹时碰毛 60° 锥面），在圆柱孔后有一内螺纹，适用于把其他零件固定在轴上时。

（4）弧形中心孔（R 型）：与 A 型中心孔相似，60° 圆锥面改为圆弧面，顶尖与锥面的配合为线接触，在轴类零件装夹时能自动纠正少量的位置偏差。

2. 钻中心孔的方法

轴类工件端面上的中心孔供顶尖顶工件用，以承受切削力并作为多次加工的定位基准，中心孔用中心钻钻削而成。

钻中心孔时，导致中心钻折断的原因较多。例如，中心钻的轴线歪斜、工件端面不平、工件转速低而中心钻进给太快等。

中心孔的大小应符合图样的技术要求或根据工件的直径来选择。中心孔的误差如图 2-51 所示，其中正确的中心孔的形状如图 2-51（a）所示。如果中心孔钻得太深，将使顶尖与中心孔的圆锥面配合不上，如图 2-51（b）所示；中心钻尺寸过大或中心孔钻得过大，将使工件没有端面，如图 2-51（c）所示；中心孔钻偏，将使工件定位不准而产生废品，如图 2-51（d）和图 2-51（e）所示；两端中心孔不在同一轴线上，将使工件定位不准，如图 2-51（f）所示；中心钻导向直径部分磨损，钻出的中心孔会使顶尖与中心孔导向直径底部接触，影响工件定位，如图 2-51（g）所示。

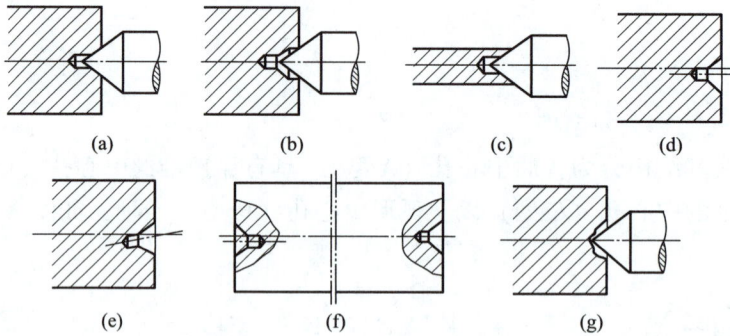

图 2-51　中心孔的误差

（a）正确；（b）中心孔太深；（c）中心孔过大；（d）、（e）钻偏；（f）不同轴；（g）中心钻导向直径磨损

3. 钻孔

（1）用钻头在工件的实体部位加工孔称为钻孔。在车床上钻孔，如图 2-52 所示，钻孔后公差等级可达 IT12~IT11，表面粗糙质 Ra 为 50~12.5 μm。

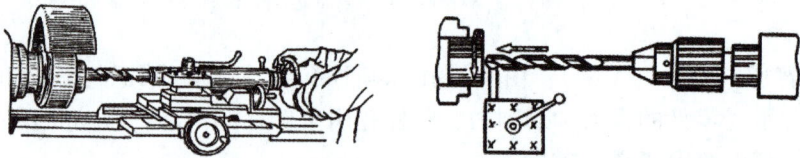

图 2-52　钻孔

（2）麻花钻头：由工作部分和柄部组成。工作部分又分为导向部分和切削部分，如图 2-53 所示。

麻花钻是钻孔的常用刀具，材料一般用高速钢制成，由于高速切削的发展，镶硬质合金的钻头也得到了广泛的应用。这里介绍高速钢麻花钻及其钻孔方法。

对于精度要求不高的孔，可用麻花钻直接钻出；对于精度要求较高的孔，钻孔后还要经过精加工才能完成（在后面的内容中会涉及孔的精加工）。

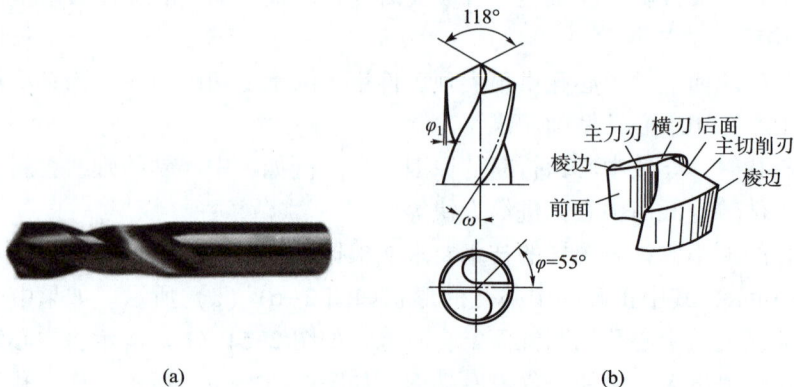

图 2-53　麻花钻头

（a）麻花钻外观图；（b）麻花钻的工作部分

（c）

（d）

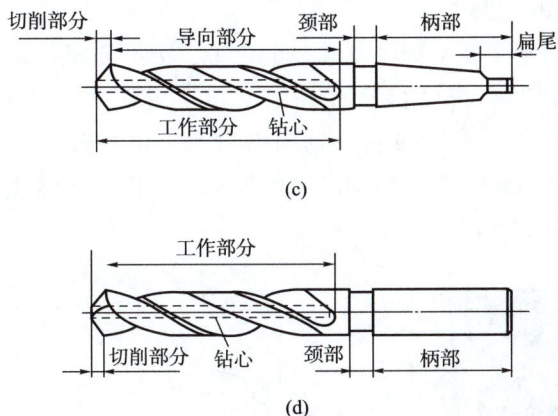

图 2-53　麻花钻头（续）

（c）锥柄麻花钻；（d）直柄麻花钻

4. 麻花钻的特点及刃磨

1）钻削的特点

摩擦较严重，需要较大的钻削力；产生的热量多，而传热、散热困难，因此切削温度较高，易造成钻头严重磨损；钻削时的挤压和摩擦容易产生孔壁的冷作硬化现象，给下道工序加工增加困难；钻头细而长，刚性差，钻削时容易产生振动及引偏；加工精度低，一般只适合粗加工。

2）麻花钻的材料及组成

麻花钻一般用高速钢（W18Cr4V 或 W6Mo5Cr4V2）制成，淬火后的硬度可达62~68HRC。

麻花钻由柄部、颈部和工作部分组成。柄部有直柄和莫氏锥柄两种。

柄部是钻头的夹持部分，用来定心和传递动力，一般直径小于 13 mm 的钻头做成直柄，直径大于 13 mm 的钻头做成锥柄，因为锥柄可传递较大扭矩。

颈部是为磨制钻头时供砂轮越程用的，钻头的规格、材料和商标一般也刻印在颈部。

麻花钻的工作部分又分为切削部分和导向部分，起切削和导向作用。

3）切削部分主要的几何要素和角度

（1）螺旋槽：构成切削刃，排屑及通入切削液。

（2）螺旋角（β）：标准麻花钻的螺旋角为 18°~30°，靠近外缘处的螺旋角最大，靠近钻头中心处最小。

（3）前刀面：指切削部分的螺旋槽面，切屑由此面排出。

（4）主后面：指钻头的螺旋圆锥面，与工件过渡表面相对。

（5）主切削刃：前刀面与主后面的交线。麻花钻有两个主切削刃，可以理解为正反两把车刀同时对材料进行切削。

（6）顶角（$2\kappa_r$）：两主切削刃之间的夹角，$2\kappa_r = 118° \pm 2°$。

$2\kappa_r = 118°$，两主切削刃为直线。

$2\kappa_r > 118°$，两主切削刃为凹曲线，定心差，主切削刃短。

$2\kappa_r < 118°$，两主切削刃为凸曲线，定心好，主切削刃长。

4）标准麻花钻的刃磨

刃磨麻花钻是本专业要掌握的基本技能之一，刃磨质量的高低直接影响钻孔的质量和工作效率。由于麻花钻自身存在的缺点：主切削刃上各点的前角变化大（±30°），切削条件较差；横刃过长，轴向力增大，定心较差；主切削刃过长，切屑不易排出；棱边处后角较小，钻削时摩擦加剧。所以为改善上述弊病，必须对麻花钻进行修磨，如图 2-54 所示。

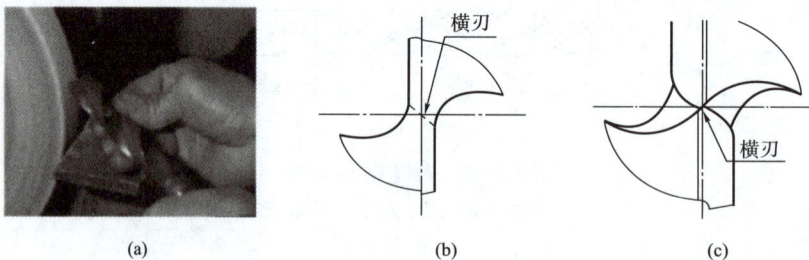

图 2-54　麻花钻刃磨

（a）麻花钻刃磨握法；（b）修磨主切削刃；（c）修磨横刃

修磨横刃：增大前角，减小轴向力。

修磨前刀面：修磨外缘处的前刀面是为了减小前角；修磨横刃处的前刀面是为了增大前角。

顶角双重刃磨：改善散热条件，增大钻头强度，减小孔的表面粗糙度值。

标准麻花钻刃磨要求：

（1）顶角为 118°±2°；

（2）孔缘处的后角 α_0 为 10°~14°；

（3）横刃斜角为 50°~55°；

（4）两主切削刃长度以及与钻头轴心线组成的两个角要相等；

（5）两个主后刀面要刃磨光滑。

5）标准麻花钻刃磨口诀

口诀一："刃口摆平轮面靠。"这是钻头与砂轮相对位置的第一步，"摆平"是指被刃磨部分的主切削刃处于水平位置；"轮面"是指砂轮的表面；"靠"是慢慢靠拢的意思。此时钻头还不能接触砂轮。

口诀二："钻轴斜放出锋角。"这里是指钻头轴心线与砂轮表面之间的位置关系。"锋角"即顶角 118°±2°的一半，约为 60°，这个位置很重要，直接影响钻头顶角大小及主切削刃形状和横刃斜角。通常可记忆常用的一块 30°、60°、90°三角板中 60°的角度，以便于掌握。

口诀一和口诀二都是指钻头刃磨前的相对位置，二者要统筹兼顾，不要为了摆平刃口而忽略了摆好斜角，或为了摆好斜放轴线而忽略了摆平刃口，在实际操作中往往会出这些错误。在钻头位置正确的情况下准备接触砂轮。

口诀三："由刃向背磨后面。"这里是指从钻头的刃口开始沿着整个后刀面缓慢刃磨，这样便于散热和刃磨。在稳定巩固口诀一、口诀二的基础上，钻头可轻轻接触砂轮，进行较少量的刃磨，刃磨时要观察火花的均匀性，及时调整压力大小，并注意钻头的冷却。当冷却后重新开始刃磨时，要继续摆好口诀一、口诀二的位置，这一点往往在初学时不易掌握，常常会不由自主地改变其位置的正确性。

口诀四："上下摆动尾别翘。"这个动作在钻头刃磨过程中也很重要，往往在刃磨时把"上下摆动"变成了"上下转动"，使钻头的另一主刀刃被破坏。同时钻头的尾部不能高翘于砂轮水平中心线以上，否则会使刃口磨钝，无法切削。

6）钻头的选用与装夹

（1）麻花钻选用：麻花钻选用时，长度应合理。过长则刚性差，过短则排屑不顺利，不易把孔钻穿。

（2）麻花钻装夹：直柄麻花钻用钻夹头装夹，锥柄麻花钻用过渡套装夹；装夹应牢固可靠，防止打滑。

7）钻孔时切削用量的选择

（1）背吃刀量 a_p：钻孔时的背吃刀量为钻头直径的 1/2。

（2）进给量 f：工件转一圈，钻头沿轴向移动的距离。

钻钢料时，$f=0.14\sim0.35$ mm/r；

钻铸铁时，$f=0.15\sim0.40$ mm/r。

（3）切削速度 $v_c=\pi Dn/1\,000$，是指麻花钻主切削刃外缘处的线速度。

钻钢料时，$v_c=15\sim30$ m/min；

钻铸铁时，$v_c=75\sim90$ m/min。

钻孔实施步骤见表 2-5。

表 2-5　钻孔实施步骤

加工步骤	操作图解	操作说明
装夹刀具		当锥柄钻头的锥柄号码与车床尾座的锥孔号码相符时，锥柄麻花钻可以直接插入车床尾座套筒内；但是，如果二者的号码不同，则需使用钻套过渡套进行安装
装夹工件		将工件放置于卡盘中，夹紧工件，把中心钻在钻夹头中夹紧，安装入尾座中
钻中心孔		调节转速 $n=500$ r/min，转动尾座手柄，在中心钻接触工件时，挤压力要小，均匀转动，钻入中心钻圆锥面 2/3 处后退出
钻孔		调节转速 $n=300$ r/min，更换麻花钻，均匀转动尾座手柄，麻花钻钻入 20 mm 后退出
检查孔径、深度		检查孔径、孔深度

总结与评价

钻中心孔、钻孔任务实施工作总结 2-8

项目实施总结	
小组成员	完成日期

钻中心孔、钻孔任务评价 2-8

序号	考核内容		分值	得分	总评
1	中心钻	中心钻的结构和用途	25		A□（86~100）
2	麻花钻	麻花钻的结构和用途	25		B□（76~85）
3	麻花钻刃磨	麻花钻的刃磨步骤	25		C□（60~75）
4	钻孔技术	钻孔的操作技术	25		D□（60以下）

任务四　车削台阶轴

【任务描述】

车削台阶工件，实际上就是外圆和平面车削的组合，因此在车削时必须注意兼顾外圆的尺寸精度和台阶长度的要求。车削台阶工件的机动加工步骤与手动切削相同，要求在机动进给的过程中能对相关的手柄进行正确熟悉的操作。通过学习掌握调整机动进给手柄位置及机动进给车削外圆和平面的方法，掌握台阶工件的加工方法，掌握工件找正的方法。培养严谨细致、规范熟练和安全高效的时代工匠精神。

车削台阶轴工作任务书 2-9

项目一　车削加工	任务目标
任务四　车削台阶轴 1. 掌握车削运动，熟记切削用量要素 2. 学会装夹轴类零件并进行找正 3. 学会正确选用车刀和安装车刀 4. 学会车削台阶轴 5. 学会正确使用常规量具检测工件尺寸	1. 会装夹轴类零件并进行找正 2. 会正确选用车刀和安装车刀 3. 会车削台阶轴 4. 创新发展是解决问题的有效途径，培养创新思维
平口钳手柄技术文件	
工作任务 本项目的任务是掌握台阶轴加工过程及加工方法。 以工作小组（6 人/组）为单位完成该工作过程。 **提交材料** 1. 车削台阶轴工作任务资讯工作单 2. 车削台阶轴任务计划工作单 3. 车削台阶轴任务实施工作单 4. 车削台阶轴任务总结。	
任务完成时间	2 h

车削台阶轴工作任务资讯工作单 2-9

资讯内容	

资讯记录	
小组成员	完成日期

车削台阶轴任务计划工作单 2-9

计划内容	
计划项目	
小组成员	完成日期

车削台阶轴任务实施工作单 2-9

实施内容	
项目实施记录	
小组成员	完成日期

知识链接

一、车削台阶轴的方法

在同一工件上有几个直径大小不同的圆柱体连接在一起像台阶一样，就称它为台阶工件，轴类工件又称台阶为"轴肩"。台阶工件的车削，实际上就是外圆和平面车削的组合，因此在车削时必须注意兼顾外圆的尺寸精度和台阶长度的要求。

学习笔记

1. 台阶工件的技术要求

台阶工件通常与其他零件结合使用，因此它的技术要求一般有以下几点：

（1）各挡外圆之间的同轴度；

（2）外圆和台阶平面的垂直度；

（3）台阶平面的平面度；

（4）外圆和台阶平面相交处的清角。

2. 车刀的选择和装夹

车削台阶工件，通常使用 90°外圆车刀。

车刀的装夹应根据粗、精车和余量的多少来区别，如粗车时余量多，为了增加切削深度、减少刀尖压力，车刀装夹取主偏角小于 90°为宜；精车时为了保证台阶平面和轴心线的垂直，应取主偏角大于 90°。

3. 车削台阶工件的方法

车削台阶工件时，一般分粗、精车进行，粗车时的台阶长度除第一挡台阶长度略短些外（留精车余量），其余各挡可车至长度；精车台阶工件时，通常在机动进给精车至近台阶处时，以手动进给代替机动进给，当车至平面后，变纵向进给为横向进给，移动中滑板由里向外慢慢精车台阶平面，以确保台阶平面和轴心线垂直。

4. 台阶长度的测量和控制方法

车削前根据台阶的长度先用刀尖在工件表面刻线痕，然后根据线痕进行粗车。当粗车完毕后，台阶长度已经基本符合要求，在精车外圆的同时，一起控制台阶长度，其测量方法通常用钢直尺检查，如精度较高时，可用样板、游标深度尺等进行测量。

5. 工件的掉头找正和车削

根据习惯的找正方法，应先找正近卡爪处工件外圆，后找正台阶处反平面，这样反复多次找正才能进行车削。当粗车完毕后，宜再进行一次复查，以防粗车时发生移位。

二、加工工艺准备

1. 工件装夹

对于有同轴度要求的台阶轴工件，应采用一顶一夹的方式进行装夹。

2. 刀具选择

车削台阶轴时，粗、精车一般均可选用 90°机夹式硬质合金右偏刀，粗、精车刀分开；车削端面时可选用 45°右偏刀，但是采用焊接式车刀时需要刃磨。

3. 切削用量的选择

切削用量通常是根据加工条件和技术要求，确定合理的切削用量要素。其主要是根据零件的材料和技术要求以及刀具材料综合选择。

（1）保证加工零件的精度和表面粗糙度。

（2）在保证加工系统刚性许可的条件下，充分发挥机床功率。

（3）在保证加工质量和生产效率的条件下，充分发挥刀具的切削性能和刀具耐用度。

（4）粗加工时切削用量的选择原则：粗车时，加工余量大，切削时以提高生产效率为主，同时考虑经济性和加工成本以及刀具寿命。所以在机床、工件、刀具允许的条件下，应尽量先选择较大的背吃刀量和进给量，最后选择较低的转速，并留足够的精加工余量。

（5）半精加工、精加工切削要素的选择原则：精加工时，加工余量小、精度要求高，选择切削用量时，以保证加工质量为主，同时考虑刀具耐用度。为保证加工质量和生产效率，优先选择较高的转速，硬质合金刀具 $v_c > 80$ m/min，高速钢刀具则选择低转速 $v_c < 10$ m/min；其次选择较低的进给量，以获得准确的尺寸和表面粗糙度。

4. 加工工艺卡片的拟定

将前面分析的各项内容综合成表 2-6 所示的车削加工步骤，此表是车削加工的主要依据和指导性文件。

表 2-6　车削加工步骤

加工步骤	操作图解	操作说明
装夹刀具	—	—
装夹工件		将工件放置于 C6132 车床卡盘中，伸出长度 20 mm 左右，夹紧工件，在刀架中安装外圆车刀和端面车刀，刀具伸出长度为 20 mm
车削端面		调节转速 $n = 560$ r/min，调整进给速度为 0.2 mm/r，采用自动进给方式，每次切削端面厚度为 1 mm
车削外圆		调节转速 $n = 560$ r/min，调整进给速度为 0.2 mm/r，采用自动进给方式，每次切削外圆厚度为 2~3 mm。精车调节转速 $n = 700$ r/min，调整进给速度为 0.1 mm/r
外圆尺寸检查	—	—
调节滚花花纹		调节转速 $n = 90$ r/min，在滚花刀接触工件开始滚压时，挤压力要大，使工件圆周上一开始就形成较深的花纹
滚花		调节转速 $n = 90$ r/min，进给速度 $f = 0.3$ mm/r，滚花至 10 mm 长度

加工步骤	操作图解	操作说明
装夹找正工件		掉头装夹工件，并找正
钻中心孔		调节转速 $n=500$ r/min，转动尾座手柄，在中心钻接触工件时，挤压力要小，均匀转动，钻入中心钻圆锥面 2/3 处，退出
钻孔		调节转速 $n=500$ r/min，更换麻花钻，均匀转动尾座手柄，麻花钻钻入 20 mm 退出
钻孔尺寸检查	—	—
车削台阶		调节转速 $n=560$ r/min，调整进给速度为 0.2 mm/r，采用自动进给方式，每次切削外圆厚度 2~3 mm。精车调节转速 $n=700$ r/min，调整进给速度为 0.1 mm/r
尺寸检查	—	用游标卡尺检查零件尺寸

[改进措施]

台阶轴加工容易产生的问题和注意事项：

（1）工件平面中心留有凸头，原因是刀尖没有对准工件中心，偏高或偏低。

（2）平面不平，有凹凸，产生原因是进刀量过深，车刀磨损，滑板移动，刀架和车刀紧固力不足，产生扎刀或让刀。

（3）车外圆产生锥度，原因有以下几种：

① 用小滑板手动进给车前外圆时，小滑板导轨与主轴轴线不平行。

② 车速过高，在车削过程中车刀磨损。

③ 摇动中滑板进给时，没有消除空行程。

④ 车削表面痕迹粗细不一，主要是手动进给不均匀。

⑤ 变换转速时应先停车，否则容易打坏主轴箱内的齿轮。

⑥ 切削时应先开车，后进刀。切削完毕时先退刀后停车，否则车刀容易损坏。

（4）测量过程中的注意事项。

① 使用游标卡尺测量时，测量平面要垂直于工件中心线，不许敲打卡尺或拿游标卡尺勾铁屑。

② 工件转动中禁止测量。

③ 使用千分尺要和游标卡尺配合测量，即：卡尺量大数，千分尺量小数。

④ 测量时左右移动找最小尺寸，前后移动找最大尺寸，当测量头接触工件时可使用棘轮，以免造成测量误差。

⑤ 用前须校对"零"位，用后擦净、涂油并放入盒内。

⑥ 不要把卡尺、千分尺与其他工具、刀具混放，更不要把卡尺、千分尺当卡规使用，以免降低精度。

⑦ 不允许用千分尺测量粗糙表面。

总结与评价

车削台阶轴任务实施工作总结 2-9

项目实施总结	
小组成员	完成日期

车削台阶轴任务评价 2-9

序号	评价项目	分值	得分	总评
1	加工刀具准备	10		
	量具准备	10		
	工作防护准备	10		A□（86~100）
2	安装刀具操作规范	10		B□（76~85）
3	装夹工件操作规范	10		C□（60~75）
4	操作机床动作规范	20		D□（60 以下）
5	合理选择切削参数，工件尺寸符合技术要求	20		
6	正确使用量具检测工件	10		
	合　计	100		

任务五　车削长轴

　　轴的长度与直径之比大于 20~25 的轴叫细长轴，细长轴的刚性和散热性差，工件受切削力、自重和旋转时离心力的作用会产生弯曲、振动，严重影响其圆柱度和表面粗糙度。在车削过程中，工件受热伸长产生弯曲变形，车削就很难进行，严重时会使工件在顶尖间卡住。因此，车细长轴是一种难度较大的加工工艺。虽然车细长轴的难度较大，但它也有一定的规律性，主要用于解决工件热变形伸长问题以及合理选择车刀几何形状等关键技术。通过学习掌握轴类零件装夹、找正方法，能正确选用车刀和安装车刀，会车削光轴，会车削简单圆弧，能正确使用常规量具检测工件尺寸。培养严谨细致、规范熟练、安全高效的时代工匠精神。

任务（一）　车削细长轴

车削细长轴工作任务书 2-10

<table>
<tr>
<td colspan="2">任务五　车削长轴
任务（一）　车削细长轴
1. 掌握装夹轴类零件并进行找正的方法
2. 掌握选用车刀和安装车刀的方法
3. 掌握车削细长轴的方法
4. 掌握车削简单圆弧的方法
5. 掌握常规量具检测工件尺寸的方法</td>
<td>任务目标
1. 会装夹轴类零件并进行找正
2. 能正确选用车刀和安装车刀
3. 会车削细长轴及简单圆弧
4. 创新发展是解决问题的有效途径，培养学生创新思维</td>
</tr>
<tr>
<td>技术文件</td>
<td colspan="2">

$\sqrt{Ra3.2}$　　$R4$　$\sqrt{Ra1.6}$

$\phi16_{-0.05}^{0}$　　　140　　　　10　　20　　$\phi6$　$\phi12_{-0.1}^{0}$

</td>
</tr>
<tr>
<td colspan="3">工作任务
本项目的任务是掌握车削长轴加工过程及加工方法。
以工作小组（6 人/组）为单位完成该工作过程
提交材料
1. 车削细长轴工作任务资讯工作单
2. 车削细长轴任务计划工作单
3. 车削细长轴任务实施工作单
4. 车削细长轴任务总结</td>
</tr>
<tr>
<td>任务完成时间</td>
<td colspan="2">1 h</td>
</tr>
</table>

车削细长轴工作任务资讯工作单 2-10

资讯内容	
资讯记录	
小组成员	完成日期

车削细长轴任务计划工作单 2-10

计划内容	
计划项目	
小组成员	完成日期

车削细长轴任务实施工作单 2-10

实施内容	
项目实施记录	
小组成员	完成日期

知识链接

一、车刀的选用

车轴类工件时，一般可分为粗车和精车两个阶段。粗车时除留一定的精车余量外，不要求工件达到图样要求的尺寸精度和表面粗糙度，为提高劳动生产率，应尽快地将毛坯上的粗车余量车去。精车时必须使工件达到图样或工艺上规定的尺寸精度、形位精度和表面粗糙度要求。

1. 粗车刀

由于粗车和精车的目的不同，因此对所用的车刀要求也不一样。粗车刀必须适应粗车时切削深、进给快的特点，主要要求车刀有足够的强度，能一次进给车去较多的余量。

选择粗车刀几何参数的一般原则如下：

（1）为了增加刀头强度，前角和后角应小一些。但必须注意，前角过小会使切削力增大。

（2）主偏角不宜太小，否则容易在车削时引起振动。当工件外圆形状许可时，最好选用75°左右，因为这样刀尖角较大，能承受较大的切削力，而且有利于切削刃散热。

（3）一般粗车时采用0°~3°的刃倾角，以增加刀头强度。

（4）为了增加切削刃强度，主切削刃上应磨有倒棱，其宽度 $b_{r1}=(0.5\sim0.8)f$，倒棱前角 $\gamma_{01}=-(5°\sim10°)$。

（5）为了增加刀尖强度，改善散热条件，使车刀耐用，刀尖处应磨有过渡刃。

（6）粗车塑性金属（如钢件）时，为了保证切削顺利进行、切屑能自行折断，应在前刀面上磨有断屑槽。断屑槽常用的有直线形和圆弧形两种。断屑槽的尺寸主要取决于进给量和切削深度。

2. 精车刀

精车时要求达到工件的尺寸精度和较小的表面粗糙度，并且切去的金属较少，因此要求车刀锋利，切削刃平直光洁，刀尖处必要时还可磨修光刃。精车时必须使切屑排向工件待加工表面。

选择精车刀几何参数的一般原则如下：

（1）前角一般应大些，使车刀锋利，切削轻快。

（2）后角也应大些，以减少车刀和工件之间的摩擦。精车时对车刀强度要求并不高，也允许取较大的后角。

（3）为了减小工件表面粗糙度，应取较小的副偏角或在刀尖处磨修光刃。修光刃长度一般为 $(1.2\sim1.5)f$。

（4）为了控制切屑排向工件待加工表面，应选择正的刃倾角（3°~8°）。

细长轴装夹方式见表2-7。

表2-7 细长轴装夹方式

装夹方式	图例	装夹要求	应用
一夹一顶装夹		可以安装一限位支承，或者利用工件的台阶进行轴向限位	适合车削较重或者较长的工件。这种方法装夹安全可靠，能承受较大的进给力，应用广泛

装夹方式	图例	装夹要求	应用
两顶尖装夹		两顶尖装夹工件方便，无须找正，装夹精度高，必须先在工件的两端面钻出中心孔，但比一夹一顶装夹的刚度低，影响了切削用量的提高	加工长度尺寸较大或加工工序较多的轴类工件，为保证每次装夹时的装夹精度，在车削后还要铣削或磨削工件

[任务实施过程]

二、任务准备

1. 加工工艺准备

1）确定装夹方案

由于光轴外圆表面有直线度要求，故加工过程只能是一次装夹加工完成，装夹方式可采用一顶一夹或两顶尖装夹的方式，都可保证工件表面的直线度要求。

2）选择车刀

选用90°外圆车刀、45°外圆车刀、75°外圆车刀都可以，90°外圆车刀应用较为广泛。

2. 拟定加工工艺卡片

将前面分析的各项内容综合成表 2-8 所示的车削加工工艺卡片，此表是操作人员车削加工的指导性文件。

表 2-8　车削细长轴步骤

任务实施	任务准备	实施要求
车削细长轴	车削两端面	
	钻中心孔	
	装夹工件，车削装夹台阶	

任务实施	任务准备	实施要求
长轴车削	一顶一夹装夹工件外圆 $\phi16$ mm	
	车削台阶 $\phi12$ mm	
	车削圆弧 $R4$ mm	
检验	—	—

总结与评价

车削细长轴任务实施工作总结 2-10

项目实施总结	
小组成员	完成日期

[任务评价]

车削细长轴任务评价 2-10

序号	评价项目	分值	得分	总评
1	加工刀具准备	10		
2	量具准备	10		
3	工作防护准备	10		A□ （86~100）
4	安装刀具操作规范	10		B□ （76~85）
5	装夹工件操作规范	10		C□ （60~75）
6	操作机床动作规范	20		D□ （60 以下）
7	合理选择切削参数，工件尺寸符合技术要求	20		
8	正确使用量具检测工件	10		

任务（二） 车削三角形外螺纹

螺纹加工是在圆柱上加工出特殊形状螺旋槽的过程，螺纹常见的用途是连接、紧固、传递运动等。螺纹常见的加工方法有：滚丝或螺纹成形、攻丝、铣削螺纹、车削螺纹等。车削螺纹加工是在车床上，控制进给运动与主轴旋转同步，加工特殊形状螺旋槽的过程。螺纹形状主要由切削刀具的形状和安装位置决定，螺纹导程由刀具进给量决定。螺纹加工最多的是普通螺纹，三角形螺纹的牙型角为60°，普通螺纹分粗牙普通螺纹和细牙普通螺纹。粗牙普通螺纹的螺距是标准螺距，其代号用字母"M"及公称直径表示。通过学习掌握普通车床车削螺纹的方法，能刃磨三角形外螺纹车刀并正确地安装螺纹车刀，能根据工件的螺距正确调整车床手柄位置，熟悉车削三角形外螺纹的操作方法，会合理使用量具测量三角形外螺纹。培养严谨细致、规范熟练、安全高效的时代工匠精神。

车削三角形外螺纹工作任务书 2-11

任务五　车削长轴	任务目标
任务（二）　车削三角形外螺纹 1. 掌握装夹轴类零件并进行找正的方法 2. 掌握选用螺纹车刀和安装车刀的方法 3. 掌握车削螺纹的方法 4. 掌握常规量具检测螺纹尺寸的方法	1. 会装夹轴类零件并进行找正 2. 能正确选用螺纹车刀和安装车刀 3. 会车削螺纹 4. 培养严谨细致、规范熟练、安全高效的时代工匠精神
技术文件	 技术要求 1. 表面去毛刺； 2. 未注倒角$C1$。

工作任务

本项目的任务是掌握车削螺纹加工过程及加工方法。

以工作小组（6人/组）为单位完成该工作过程。

提交材料

1. 车削三角形外螺纹工作任务资讯工作单

2. 车削三角形外螺纹任务计划工作单

3. 车削三角形外螺纹任务实施工作单

4. 车削三角形外螺纹任务总结

任务完成时间	1 h

车削三角形外螺纹工作任务资讯工作单 2-11

资讯内容	
资讯记录	
小组成员	完成日期

车削三角形外螺纹任务计划工作单 2-11

计划内容	
计划项目	
小组成员	完成日期

车削三角形外螺纹任务实施工作单 2-11

实施内容	

项目实施记录	
小组成员	完成日期

知识链接

　　三角形螺纹是生产中应用最为广泛的一种螺纹。要完成三角形外螺纹的加工，涉及螺纹车刀的选用、刃磨与安装，车螺纹时车床的调整，螺纹的车削方法和检测方法等。

一、三角形螺纹车刀

　　三角形螺纹车刀的特点：螺距较小，一般螺纹长度较短。其基本要求是：螺纹牙型角必须正确，牙两侧表面粗糙度值小；中径尺寸符合精度要求；螺纹与工件轴线保持同轴。

　　要车好螺纹，必须正确刃磨螺纹车刀。螺纹车刀按加工性质属于成形工具，其切削部分的形状应当与螺纹牙型的轴向剖面形状相符合，即车刀的刀尖角应该等于牙型角。

1. 螺纹车刀常用材料

　　车削螺纹时，合理地选择刀具材料、正确地刃磨和安装车刀，对保证螺纹质量和提高生产效率十分重要，常用的螺纹车刀材料有高速钢和硬质合金两大类，见表 2-9。

表 2-9　螺纹车刀常用材料

刀具材料	特　点	应　用
高速钢	高速钢螺纹车刀刃磨方便，切削刃锋利，韧性好，刀尖不易崩裂，车出螺纹的表面粗糙度值小	低速切削；有色金属、铸钢、橡胶等
硬质合金	硬质合金螺纹车刀的硬度高，耐磨性好，耐高温，热稳定性好。但抗冲击能力差	高速切削；钢件等

　　三角形螺纹车刀的几何角度、刃磨要求和检测及其装夹分别见表 2-10～表 2-12。

表 2-10　三角形螺纹车刀的几何角度

三角形螺纹车刀	
	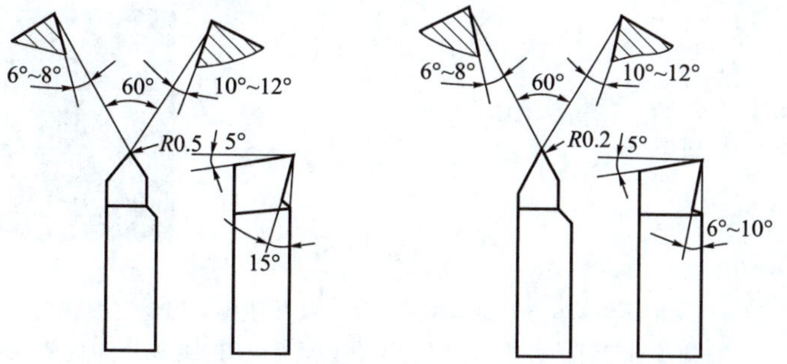 (a)　　　　　　　　　　(b)
角度名称	角度要求
刀尖角	刀尖角应该等于牙型角。车普通螺纹时为60°，车英制螺纹时为55°
前角	前角一般为0°～10°。因为螺纹车刀的纵向前角对牙型角有很大影响，所以精车或车精度要求高的螺纹时，径向前角取得小一些，为0°～5°
后角	后角一般为5°～10°。因受螺纹升角的影响，进刀方向一面的后角应磨得稍大一些。但对于大直径、小螺距的三角形螺纹，这种影响可忽略不计

表 2-11　三角形螺纹车刀的刃磨要求和检测

刃磨要求	（1）根据粗、精车的要求，刃磨出合理的前、后角，粗车刀前角大、后角小，精车刀则相反； （2）车刀的左右刀刃必须刃磨平直，无崩刃； （3）刀头不歪斜，牙型半角相等； （4）内螺纹车刀刀尖角平分线必须与刀杆垂直； （5）内螺纹车刀后角应适当大些，一般磨有两个后角
刃磨步骤	（1）粗磨主、副后刀面，初步形成两刀刃间的夹角：先磨进给方向侧刃，再磨背进给方向侧刃
	（2）初磨前刀面，初步形成刀尖角
	（3）精磨前刀面，形成前角
	（4）精磨两侧的主、副后刀面，刀尖角用螺纹样板检查修正

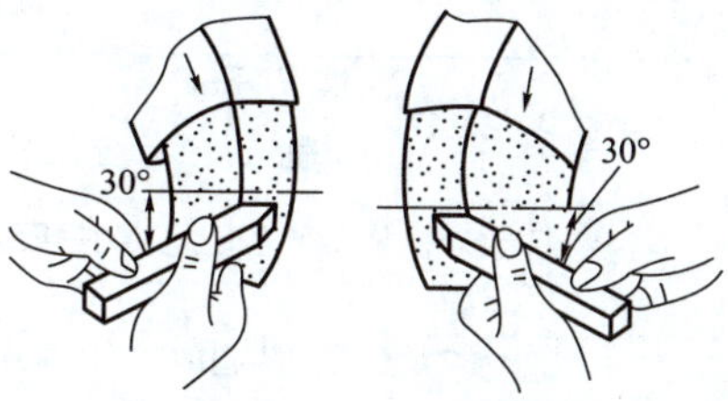

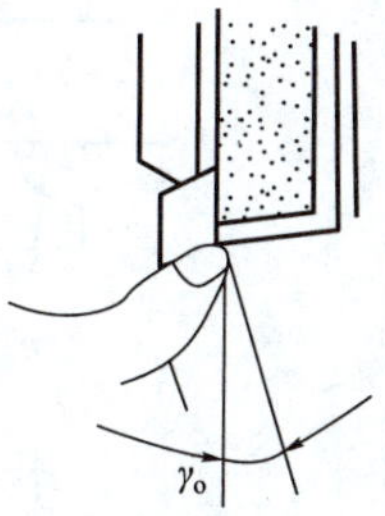

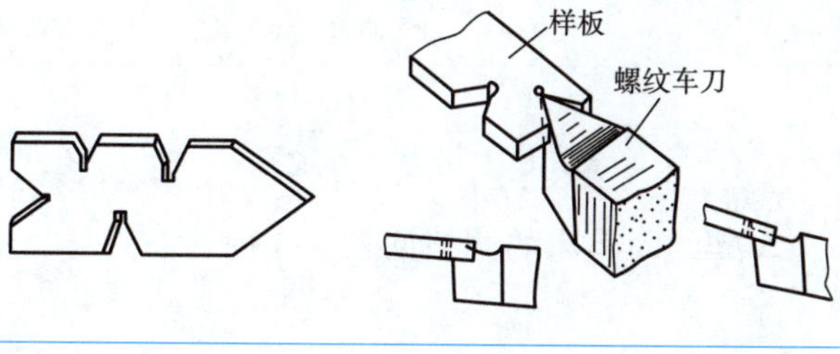

刃磨步骤	（5）修磨刀尖，并用油石研磨	
刀尖角的刃磨和检查	由于螺纹车刀刀尖角要求高、刀头体积小，因此刃磨起来比一般车刀困难。在刃磨高速钢螺纹车刀时，若感到发热烫手，必须及时用水冷却，否则容易引起刀尖退火；刃磨硬质合金车刀时，应注意刃磨顺序，一般是先将刀头后面适当粗磨，随后再刃磨两侧面，以免产生刀尖爆裂。在精磨时，应注意防止压力过大而震碎刀片，同时要防止在刃磨时骤冷而损坏刀具。 　　为了保证磨出准确的刀尖角，在刃磨时可用螺纹角度样板测量。测量时把刀尖角与样板贴合，对准光源，仔细观察两边贴合的间隙，并进行修磨	
注意事项	车刀两刃夹角与刀尖角不同，两刀刃在基面上的投影之间的夹角才叫刀尖角。据此，在刃磨具有径向前角的螺纹车刀，并用样板检查车刀刀尖时，应使样板与车刀底平面平行，再用透光法检查。这样测出来的才是刀尖角。 　　（1）磨刀时，人的站立位置要正确，特别是在刃磨整体式内螺纹车刀内侧刀刃时，一不小心就会使刀尖角磨歪。 　　（2）刃磨高速钢车刀时，宜选用 80 号氧化铝砂轮，磨刀时压力应小于一般车刀，并及时蘸水冷却，以免过热而失去刀刃硬度。 　　（3）粗磨时也要用样板检查刀尖角，若磨有纵向前角的螺纹车刀，粗磨后的刀尖角略大于牙型角，待磨好前角后再修正刀尖角。 　　（4）刃磨螺纹车刀的刀刃时，要稍带移动，这样容易使刀刃平直。 　　（5）刃磨时要注意安全	

表 2-12　三角形螺纹车刀的装夹

三角形螺纹车刀的装夹要求	（1）装夹车刀时，刀尖一般应对准工件中心（可根据尾座顶尖高度检查）
	（2）车刀刀尖角的对称中心线必须与工件轴线垂直，装刀时可用样板来对刀
	（3）刀头伸出不要过长，一般为 20~25 mm（约为刀杆厚度的 1.5 倍）

二、车螺纹时车床的调整

车螺纹时车床的调整见表 2-13。

表 2-13　车螺纹时车床的调整

操作内容	操作说明	图　　示
手柄位置的调整	按工件被加工螺纹的螺距，在车床进给箱铭牌上查找到相应手柄的位置，把手柄拨到所需的位置上即可。 　CA6140 型车床进给箱手柄位置示意图如图所示	 （a）圆盘式手轮位置图；（b）手柄位置图 1—内手柄；2—外手柄；3—圆盘式手轮
中、小滑板间隙的调整	车削螺纹时，中、小滑板与镶条之间的间隙应适当。中、小滑板太松（间隙过大），车削时容易产生"扎刀"现象；中、小滑板太紧（间隙过小），则操作不灵活，比较费力	
开合螺母松紧的调整	开合螺母松紧应适度。过松时车削过程中容易发生"跳起"，使螺纹产生"乱牙"现象；过紧时开合螺母手柄提起、落下操作不灵活	 开　　　　　　合

三、三角形外螺纹的车削方法

1. 车削三角形外螺纹的进刀方法

车削三角形外螺纹的进刀方法见表 2-14。

表 2-14　车削三角形外螺纹的进刀方法

进刀方法	图示	特点	应用
直进法		（1）刀刃同时工作，排屑困难，切削力大，易扎刀； （2）切削用量小； （3）刀尖易磨损； （4）操作简单； （5）牙型精度较高； （6）粗、精车可用同一把刀完成	（1）高速切削螺距 $P<$ 3 mm 的普通螺纹； （2）精车 $P \geqslant 3$ mm 的普通螺纹； （3）脆性材料的螺纹； （4）用硬质合金车刀高速切削螺纹

进刀方法	图示	特点	应用
斜进法		（1）单刃切削，排屑顺利，切削力小，不易扎刀； （2）牙型精度低，螺纹表面粗糙度值较大； （3）可选用较大的切削用量	用于 $P \geqslant 3$ mm 螺纹与塑性材料螺纹的粗车
左右切削法		（1）单刃切削，排屑顺利，切削力小，不易扎刀； （2）可选用较大的切削用量； （3）螺纹表面粗糙度值较小	（1）适合于 $P \geqslant 3$ mm 螺纹的精车； （2）刚度较低的螺纹粗、精车

2. 车削三角形外螺纹的操作方法

螺纹车削的操作方法有开倒顺车法和提开合螺母法，其操作步骤及特点见表 2-15。

表 2-15　车削三角形外螺纹的操作步骤及特点

操作方法	操作步骤	特点	使用场合
开倒顺车法	对刀——调整中滑板刻度（至零位）后纵向退刀——中滑板进刀（0.05 mm）——按下开合螺母——提起操纵杆，开车试切削——车至螺纹长度后，按下操纵杆反车退刀（同时横向退刀半圈）——停车检查螺距——（螺距合格后）提起操纵杆分层车削螺纹直至达到要求	（1）灵活方便； （2）螺纹不易乱牙	（1）适合于各种螺距螺纹的车削； （2）适合于中低速车削螺纹
提开合螺母法	对刀——调整中滑板刻度（至零位）后纵向退刀——中滑板进刀（0.05 mm）——按下开合螺母——提起操纵杆，开车试切削——车至螺纹长度后，右手提起开合螺母（左手同时快速退出中滑板）——左手摇动床鞍纵向退刀——停车检查螺距——（合格后）按下开合螺母分层车削螺纹直至达到要求	（1）工作效率高； （2）不易与工件发生碰撞	（1）只适合于 $P_{丝}$ 为 $P_{工}$ 整数倍的螺纹车削； （2）适合于中、高速车削螺纹； （3）适合于退刀槽较窄的螺纹车削

3. 车削三角形外螺纹中途对刀的方法

在车削螺纹的过程中，因换刀和车刀刃磨后须重新装夹螺纹车刀时，如车刀刀尖不能对准螺旋槽，将会产生乱牙，因此，必须重新对刀。

车螺纹时中途对刀步骤：

（1）开启车床，合下开合螺母，刀尖离工件表面 5~10 mm 处正转缓慢停车。

（2）用中、小滑板调整刀尖对准螺旋槽，然后再开车，观察刀尖是否对准槽底，直至完全对准后再开始车削。

4. 切削用量的选择

使用高速钢螺纹车刀时，按加工性质（粗车、精车）选择切削用量，其主轴转速、背吃刀量的推荐值见表2-16。

表2-16 车削三角形外螺纹时的切削用量推荐值

加工性质	要 素	
	主轴转速 $n/(\text{r} \cdot \text{min}^{-1})$	背吃刀量 a_{p}/mm
粗 车	150~200	0.2~0.5
精 车	12~30	0.02~0.05

5. 三角形螺纹车削相关尺寸计算

普通螺纹的基本尺寸见表2-17。

表2-17 普通螺纹的基本尺寸

主要参数	代号		计算公式
	外螺纹	内螺纹	
牙型角	α		$\alpha = 60°$
螺纹大径（公称直径）	d	D	$d = D$
螺纹中径	d_2	D_2	$d_2 = D_2 = d - 0.649\ 5P$
牙型高度	h_1		$h_1 = 0.541\ 3P$
螺纹小径	d_1	D_1	$d_1 = D_1 = d - 1.082\ 5P$

1）螺纹大径的计算

在车削三角形外螺纹时，受车刀的挤压作用后外螺纹大径尺寸增大。当螺距为1.5~3.5 mm时，车削螺纹前的外径一般可以减小0.2~0.4 mm。

2）牙型高度的计算

［例］：M30×2   牙型高度 $h_1 = 0.541\ 3P = 0.541\ 3 \times 2 \approx 1.08$（mm）。

四、螺纹的测量和检查

车削螺纹时，应根据不同的质量要求和生产批量的大小，选择不同的检测方法。常见的检测方法有单项测量法和综合检测法两种，见表2-18。

表 2-18 三角形螺纹的测量

测量方法	操作说明	图 示
单项测量	（1）大径的检测。 一般用游标卡尺或外径千分尺检测	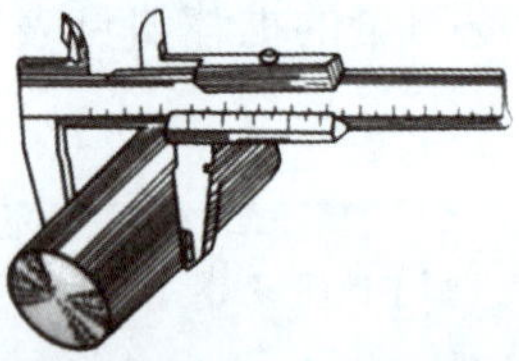
	（2）螺距的检测。 用钢直尺、游标卡尺或螺纹样板对螺距（或导程）进行测量	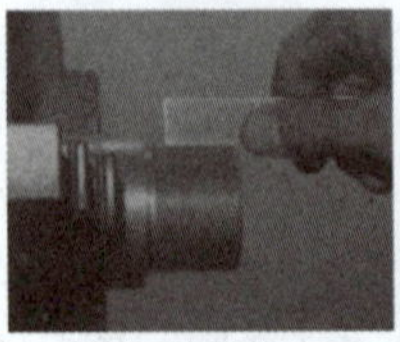 
	（3）牙型角的检测。 一般螺纹的牙型角可以用螺纹样板或牙型角样板来检测	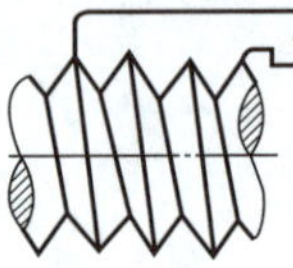 螺纹样板 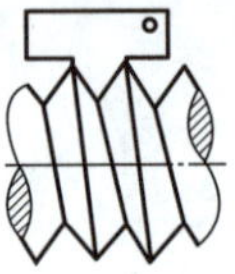　　　牙型角样板
	（4）中径的检测。 用螺纹千分尺测量螺纹中径。螺纹千分尺的读数原理与千分尺相同，不同的是，螺纹千分尺有 60° 与 55° 两套适用于不同牙型角和不同螺距的测量头。测量头可以根据测量的需要进行选择，然后分别插入千分尺测杆和砧座的孔内。但必须注意，在更换测量头后，必须调整砧座的位置，使千分尺对准 "0" 位。 测量时，与螺纹牙型角相同的上、下两个测量头正好卡在螺纹的牙侧上。从右图中可以看出，ABCD 是一个平行四边形，因此测得的尺寸 AD 就是中径的实际尺寸	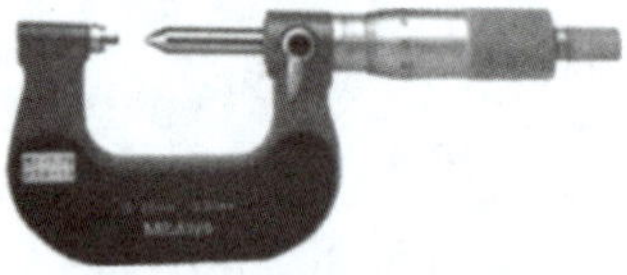 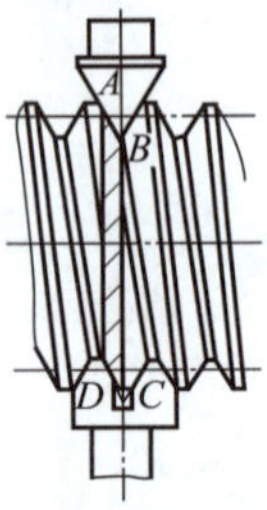 检测原理
综合测量	综合检验法即用螺纹量规对螺纹各基本要素进行综合性检验。螺纹量规包括螺纹塞规和螺纹环规，螺纹塞规用来检验内螺纹，螺纹环规用来检验外螺纹。它们分别有通规 T 和止规 Z，在使用时要注意区分，不能弄错。如果通规难以拧入，应对螺纹的各直径尺寸、牙型角、牙型半角和螺距等进行检查，经修正后再用通规检验。当通规全部拧入、止规不能拧入时，说明螺纹各基本要素符合要求	 螺纹塞规  螺纹量规 

五、车削三角形螺纹时的质量分析

车削三角形螺纹时产生废品的原因及预防方法见表2-19。

表2-19　车削三角形螺纹时产生废品的原因及预防方法

废品种类	产生原因	预防方法
中径不正确	（1）车刀切入深度不正确。 （2）刻度盘使用不正确	（1）经常测量中径（或分度圆直径）尺寸。 （2）正确使用刻度盘
螺距不正确	（1）交换齿轮计算或组装错误；主轴箱、进给箱有关手柄位置扳错。 （2）局部螺距（或轴向齿距）不正确： ①车床丝杠和主轴的蹿动过大； ②溜板箱手轮转动不平衡； ③开合螺母间隙过大； （3）车削过程中开合螺母抬起	（1）在工件上先车出一条很浅的螺旋线，测量螺距（或轴向齿距）是否正确。 （2）调整螺距： ①调整好主轴和丝杠的轴向蹿动量； ②将溜板箱手轮拉出，使之与传动轴脱开或加装平衡块使之平衡； ③调整好开合螺母的间隙。 （3）用重物挂在开合螺母手柄上，防止其中途抬起
牙型不正确	（1）车刀刃磨不正确。 （2）车刀装夹不正确。 （3）车刀磨损	（1）正确刃磨和测量车刀角度。 （2）装刀时使用对刀样板。 （3）合理选用切削用量并及时修磨车刀
表面粗糙度值大	（1）产生积屑瘤。 （2）刀柄刚度不够，切削时产生振动。 （3）车刀背向前角太大，中滑板丝杠螺母间隙过大产生扎刀。 （4）高速切削螺纹时，最后一刀的背吃刀量太小或切屑向倾斜方向排出，拉毛螺纹牙侧。 （5）工件刚度低，而切削用量选用过大	（1）高速钢车刀切削时，应降低切削速度，并加切削液。 （2）增加刀柄截面积，并减小悬伸长度。 （3）减小车刀背向前角，调整中滑板丝杠螺母间隙。 （4）高速切削螺纹时，最后一刀的背吃刀量一般要小于0.1 mm，并使切屑从垂直于轴线方向排出。 （5）选择合理的切削用量

[任务实施]

加工表2-20所示工件上的三角形外螺纹。

此任务通过对普通三角螺纹的加工，让操作者在操作过程中逐渐学会螺纹车刀的准备、安装、车床的调整、螺纹加工的基本方法以及螺纹的检测等。

六、螺纹升角ψ对车刀工作角度的影响

车削螺纹时，由于受螺旋运动的影响，使车刀的工作角度有了较大的变化，这一变化取决于工件螺纹升角ψ的大小。

表 2-20　车削三角形螺纹的加工步骤

任务 实施	任务准备		实施要求	切削参数 (学生查阅 资料)
操作 步骤	1. 螺纹车刀的准备		（1）根据任务要求选用车刀材料； （2）刃磨螺纹车刀	
	2. 安装工件 卡盘夹持毛坯外圆，夹持长度约 15 mm，采用一顶一夹的装夹方式，校正并夹紧			
	3. 安装螺纹车刀		参见：三角形外螺纹车刀的装夹要求	
	4. 车螺纹时车床的调整		参见：车螺纹时车床的调整	
	5. 零件的车削加工	（1）精车外圆（螺纹大径）至 $\phi16^{\ 0}_{-0.3}$ mm，长度为 100 mm；端面倒角 C1.5		
		（2）粗、精车螺纹 M16×2 mm 至要求。采用直进法进给，牙型高度为 1.08 mm，采用提开合螺母法车削		
	6. 螺纹检测		分别用螺纹环规、螺纹千分尺进行检测	
容易产生的问题及注意事项	1. 车螺纹前要检查主轴手柄位置，用手旋转主轴（正、反），看是否过重或空转量过大。 2. 由于初学者操作不熟练，故宜采用较低的切削速度，并注意在练习时精神要集中。 3. 车螺纹时，开合螺母必须闸到位，如感到未闸好，应立即起闸，重新进行。 4. 车螺纹应保持刀刃锋利。如中途换刀或磨刀后，必须重新对刀，并重新调整中滑板刻度。 5. 粗车螺纹时，要留适当的精车余量。 6. 精车时，应首先用最少的赶刀量车光一个侧面，把余量留给另一侧面。 7. 使用环规检查时，不能用力太大或用扳手拧，以免环规严重磨损或使工件发生移位。 8. 车螺纹时应注意不能用手去摸正在旋转的工件，更不能用棉纱去擦正在旋转的工件。 9. 车完螺纹后应提起开合螺母，并把手柄拨到纵向进刀位置，以免在开车时撞车			

1. 螺纹升角 ψ 对车刀侧刃后角的影响

车螺纹时，由于螺纹升角 ψ 的影响，故会引起切削平面和基面位置变化，从而使车刀工作时的前角和后角与车刀静止时的前角和后角的数值不相同。螺纹升角 ψ 越大，对工作时前角和后角的影响越明显。三角形螺纹的螺旋升角 ψ 一般比较小，影响也比较小，但在车削矩形、梯形螺纹和螺距较大的螺纹时，影响就比较大。因此，在刃磨螺纹车刀时，必须注意此影响。

由于螺纹升角 ψ 会使车刀沿进给方向一侧的工作后角变小，使另一侧工作后角增大，为了避免车刀后面与螺纹牙侧发生干涉，保证切削顺利进行，应将车刀沿进给方向一侧的后角磨成工作后角加上螺纹升角；为了保证车刀强度，应将车刀背向进给方向一侧的后角磨成工作后角减去螺纹升角。车削左旋螺纹时，情况正好相反。

2. 螺纹升角对车刀两侧前角的影响

由于螺旋升角的影响，故使基面位置发生了变化，从而使车刀两侧的工作前角也与静止前角的数值不相同。虽然螺旋升角对三角形螺纹车刀两侧前角的影响在刃磨螺纹车刀时不做修正，但在安装车刀时必须给予充分的注意。

总结与评价

车削三角形螺纹任务实施工作总结 2-11

项目实施总结	
小组成员	完成日期

车削三角形螺纹任务评价 2-11

序号	评价项目	项目要求	分值	得分	总评
1	螺纹车刀	了解螺纹车刀的几何参数	25		A□ （86~100）
2	螺纹车刀刃磨	掌握螺纹车刀的刃磨方法	25		B□ （76~85）
3	螺纹车刀对刀	掌握螺纹车刀的对刀方法	25		C□ （60~75）
4	螺纹检测方法	掌握螺纹的检测方法	25		D□ （60 以下）

项目三　铣削加工

机械加工中，铣削加工是除了车削加工之外用得较多的一种加工方法，主要用于加工平面、斜面、垂直面、各种沟槽以及成形表面。铣削加工是以铣刀的旋转为主运动，铣刀或工件做进给运动的一种切削加工方法。

任务一　认识铣削加工

金属切削加工的方法有很多，铣削是最常用的方法之一。它利用在铣床上安装铣刀来切削金属。铣床的生产效率高，能加工各种形状和一定精度的零件。铣床在结构上日趋完整，在机器制造中得到了普遍的应用。铣床的种类很多，有卧式铣床、立式铣床、龙门铣床和工具铣床等。在塑料模具加工生产中，立式摇臂万能铣床应用得最为广泛。

任务（一）　认识普通铣床

【任务描述】

铣削时，铣刀安装在与主轴相连接的刀轴上，绕主轴做旋转运动，被切削工件装夹在工作台上，对铣刀做相对运动完成铣削过程。立式铣床的加工范围很广，通常在立式铣床上可以应用端铣刀、立铣刀和特形铣刀等，可铣削各种沟槽、表面。另外，利用机床附件，如回转工作台、分度头等，还可以加工圆弧、曲线外形、齿轮、螺旋槽、离合器等较复杂的零件。当生产批量较大时，在立式铣床上采用硬质合金刀具进行高速铣削，可以大大提高生产效率。通过学习认识普通铣床结构和传动及加工范围，了解普通铣床的润滑和维护保养，激发心系国家建设、勇于担当时代使命的爱国情怀。

认识普通铣床工作任务书 3-1

任务一　认识铣削加工	任务目标
任务（一）　认识普通铣床 1. 认识普通铣床的结构和传动 2. 认识普通铣床的润滑和维护保养 3. 认识普通铣床的加工范围	1. 熟悉普通铣床的结构和传动 2. 了解普通铣床的润滑和维护保养 3. 了解铣床的加工范围 4. 心系国家建设、勇于担当时代使命的爱国情怀

工作任务

本项目的任务就是通过学习认识普通铣床的结构和传动，了解普通铣床的润滑和维护保养，了解各种常用铣床的加工范围。

以工作小组（6人/组）为单位完成该工作过程。

提交材料

1. 认识普通铣床工作任务资讯工作单
2. 认识普通铣床任务计划工作单
3. 认识普通铣床任务实施工作单
4. 认识普通铣床任务总结

任务完成时间	2 h

认识普通铣床工作任务资讯工作单 3-1

资讯内容	
资讯记录	
小组成员	完成日期

认识普通铣床任务计划工作单 3-1

计划内容	
计划项目	
小组成员	完成日期

认识普通铣床任务实施工作单 3-1

实施内容	
项目实施记录	
小组成员	完成日期

知识链接

　　铣床最早是由美国人 E. 惠特尼于 1818 年研制的卧式铣床。为了铣削麻花钻头的螺旋槽，美国人 J. R. 布朗于 1862 年研制了第一台万能铣床，即升降台铣床的雏形。1884 年前后出现了龙门铣床。20 世纪 20 年代出现了半自动铣床，工作台利用挡块可完成"进给-快速"或"快速-进给"的自动转换。

　　1950 年以后，铣床在控制系统方面发展很快，数字控制的应用大大提高了铣床的自动化程度，尤其是 20 世纪 70 年代以后，微处理机的数字控制系统和自动换刀系统在铣床上得到应用，扩大了铣床的加工范围，提高了加工精度与效率。随着机械化进程的不断加剧，数控编程开始广泛应用于机床操作，极大地释放了劳动力。数控铣床将逐步取代人工操作，其对员工的要求也会越来越高，当然带来的效率也会越来越高。

一、铣床分类

　　铣床的分类见表 3-1。

表 3-1　铣床的分类

	组代号	分组名称
铣床类 X	0	仪表铣床
	1	悬臂及滑枕铣床
	2	龙门铣床
	3	平面铣床
	4	仿形铣床
	5	立式升降台铣床
	6	卧式升降台铣床
	7	卧式铣床
	8	工具铣床
	9	其他铣床

1. 铣床的型号

铣床的型号由表示该铣床所属的系列、结构特征、性能和主要技术规格等的代号组成。

2. 铣床的加工范围

铣床的加工范围如图 3-1 所示。

```
X    6    1    32
                └── 工作台面宽度320 mm（主要技术参数）
           └────── 万能升降台型（型别）
      └─────────── 卧式铣床组（组别）
 └──────────────── 铣床类（类别）
```

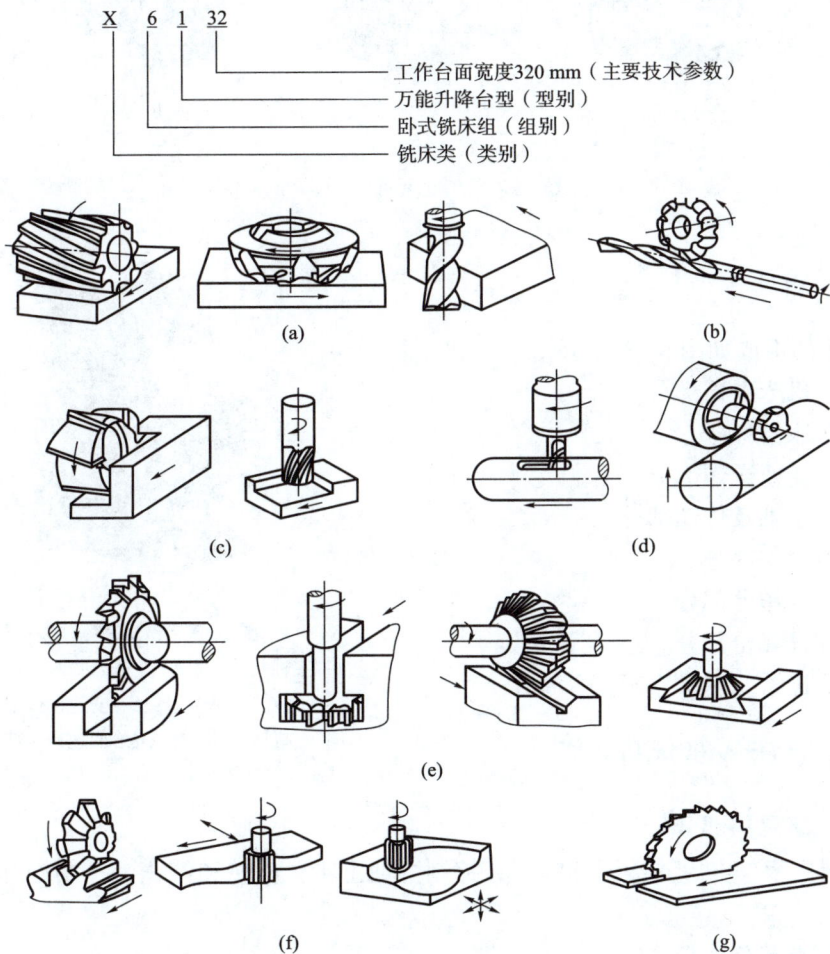

(a)   (b)

(c)   (d)

(e)

(f)   (g)

图 3-1　铣床的加工范围

（a）铣平面；（b）铣螺旋槽；（c）铣台阶面；（d）铣键槽；（e）铣直槽；（f）铣成形面；（g）切断

二、升降台铣床特点

常用铣床分为三大基本类型，如图 3-2 所示。

（1）升降台铣床：卧式升降台铣床、立式升降台铣床。

（2）床身铣床。

（3）专用铣床。

升降台铣床是铣削加工中的常用机床，其特点如下：

（1）工作台具有自动升降功能。

（2）工作台具有前后、左右、上下运动功能。

（3）用途广泛，加工范围大，通用性强。

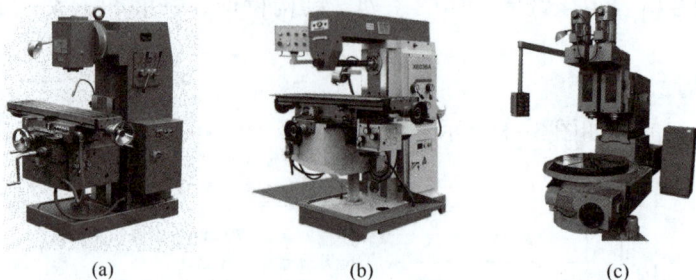

图 3-2　铣床的基本类型

（a）立式铣床；（b）卧式铣床；（c）圆台铣床

三、铣床组成

铣床的组成如图 3-3 所示。

（1）机床电器部分。

（2）床身部分。

（3）变速操作部分。

（4）主轴及传动部分。

（5）冷却部分。

（6）工作台部分。

（7）升降台部分。

（8）进给变速操作部分。

图 3-3　铣床的组成

1—主轴及传动；2—工作台；3—升降台；
4—底座；5—床身；6—变速操作部分；
7—机床电器；8—进给变速操作部分

四、铣床各部分的功能

1. 机床电器部分作用

控制机床总电源的接通和断开，控制主轴正转、反转和停止，控制冷却泵的启动和停止。

2. 床身部分作用

床身与底座相连接，支撑整个机床、主电机、变速器和升降台等。

3. 变速器部分作用

改变主轴转速，适应不同转速下的加工要求。

4. 主轴及传动部分作用

把主电动机的力矩传递给主轴，形成刀具的旋转运动。

5. 冷却部分作用

在加工过程中，将冷却液冲至加工表面，降低刀具工作温度。

6. 工作台部分作用

带动工作台做横向、纵向移动。

7. 升降台部分作用

带动工作台做上下运动。

8. 进给变速部分作用

改变工作台自动进给速度，适应不同加工需要。

五、铣削的工艺特点及应用

（1）铣刀是多齿刀具，铣削过程中多个刀齿同时参加切削，无空行程。硬质合金铣刀可以实现高速切削，所以通常情况下生产率高于刨削。

（2）铣削加工范围很广，可加工刨削无法加工或难加工的表面。铣削时，主运动是铣刀的回转运动，进给运动是工件的直线运动或曲线运动。铣削可以用来加工平面、成形面、齿轮、沟槽（包括键槽、V 形槽、燕尾槽、T 形槽、圆弧槽、螺旋槽等），还可进行孔加工，如钻孔、扩孔等。

（3）铣削力变动较大，易产生振动，切削不平稳。

（4）铣床、铣刀比刨床、刨刀结构复杂，且铣刀的制造与刃磨比刨刀困难，所以铣削成本比刨削高。

（5）铣削与刨削的加工质量大致相当，经粗、精加工后都可达到中等精度。但在加工大平面时，刨削后无明显的接刀痕，而用直径小于工件宽度的端铣刀铣削时，各次走刀间有明显的接刀痕，会影响表面质量。

（6）刀齿散热条件较好。铣刀刀齿在切离工件的一段时间内，可以得到一定程度的冷却，有利于刀齿的散热。但是，刀齿在切入、切离工件时不但受到冲击力，还受到热冲击，这将加速刀具的磨损，甚至使硬质合金刀具碎裂。

（7）铣削可分为粗铣、半精铣和精铣。精铣的加工精度一般为 IT8~IT7，表面粗糙度 Ra 值可达 1.6~2.3 μm。

（8）铣削加工的主要应用范围大，铣削可分为粗铣、半精铣、精铣，精铣的加工精度一般为 IT8~IT7，表面粗糙度 Ra 值可达 1.6~2.3 μm。

六、铣削方式

铣床铣削平面的方式有周边铣削和端面铣削两种。铣削时铣刀圆周上的刀齿进行切削叫周边铣削，它同时参与切削的刀齿数较少；铣刀端面上的刀齿进行切削叫端面铣削，它同时参与切削的刀齿数较多。

1. 周边铣削

周边铣削又分逆铣和顺铣。

1）逆铣

逆铣是指工件的进给方向与铣刀的旋转方向相反。逆铣时铣削力的垂直分力向上，工件需要较大的夹紧力；铣削厚度由零开始逐渐增至最大，如图 3-4 所示。当铣刀齿刚接触工件时，其铣削厚度为零，后刀面与工件之间将产生挤压和摩擦，加速刀具的磨损，降低刀具耐用度，影响工件已加工表面的质量；在铣削力的水平分力作用下，将使丝杠与螺母始终接触，如图 3-4 所示。

2）顺铣

顺铣是指工件的进给方向与铣刀的旋转方向相同。顺铣时铣削力的垂直分力向下，将工件压向工作台，使铣削较平稳；铣削厚度由最大开始逐渐变为零，如图 3-4（b）所示，后刀面与工件之间将没有挤压和摩擦，表面质量较好；铣削力的水平分力与工件进给方向相同，当水平分力较大时，丝杠与螺母的抵紧处便会向存在间隙的一侧突然移动，即工作台受铣刀拉力发生窜动，如图 3-4（c）所示，使进给量增加一个螺纹间隙，易损坏铣刀和工件。

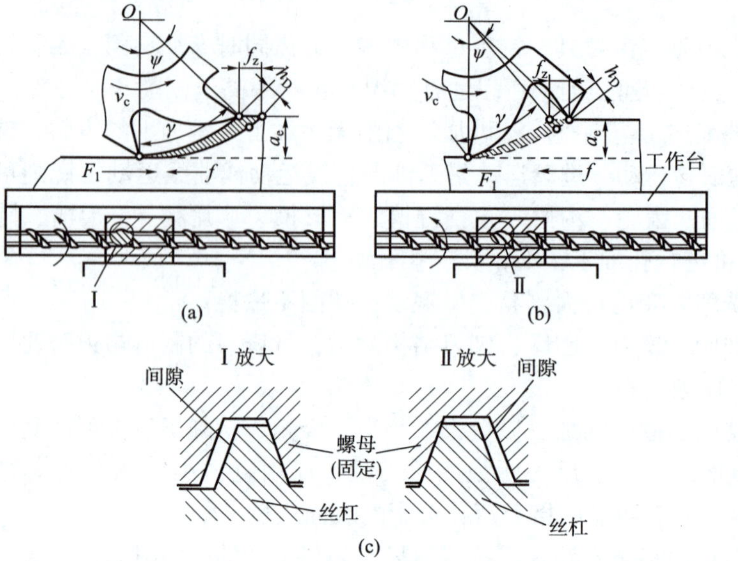

图 3-4　逆铣和顺铣及丝杠螺母放大图

（a）逆铣；（b）顺铣；（c）丝杠螺母放大图

2. 端面铣削

端面铣削又分为对称铣削、不对称逆铣和不对称顺铣。

1）对称铣削

对称铣削是指工件相对于铣刀轴线对称安装，如图 3-5 所示。它是逆铣和顺铣的组合，切入和切出处的铣削厚度最小且不为零，切削力变化幅度小且分布均衡，铣削过程平稳，适宜切削具有冷硬层的淬硬钢。

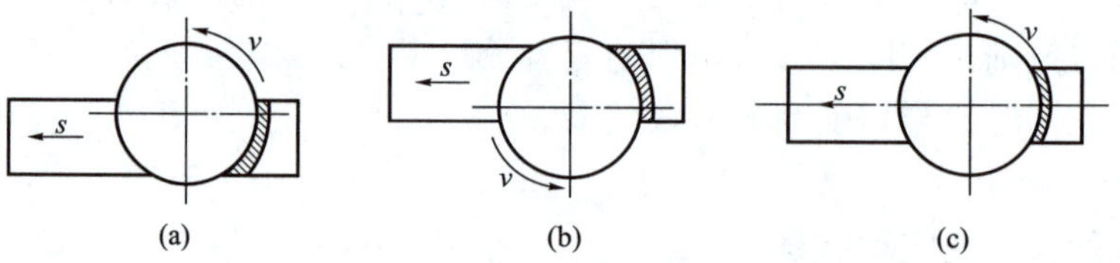

图 3-5　端面铣削

（a）不对称逆铣；（b）不对称顺铣；（c）对称铣削

2）不对称逆铣

不对称逆铣是指铣刀轴线不对称安装，如图 3-5 所示。铣刀以较小的铣削厚度切入工件，又以较大的铣削厚度切出工件，因切入厚度较小，故冲击力不大，避免了后刀面对工件的挤压和摩擦，提高了刀具的耐用度。

3）不对称顺铣

不对称顺铣是指工件偏置于铣刀轴线，如图 3-5 所示。铣刀以较大的铣削厚度切入工件，又以较小的铣削厚度切出工件，虽然铣削时会有一定的冲击，但可以避免切削刃切入冷硬层。

七、铣削切削层参数

1. 切削层公称厚度 h_D

切削层公称厚度是在基面内度量的相邻刀齿主切削刃运动轨迹间的距离，其计算公式为

$$h_D = ab = ac\sin\phi = f_z\sin\phi$$

2. 切削层公称宽度 b_D

铣削的切削层公称宽度是指主切削刃与工件切削面的接触长度（近似值）。

铣削的背吃刀量平行于铣刀轴线方向度量的被切削层尺寸为

$$b_D = a_p$$

3. 切削层公称横截面积 A_D

切削层公称横截面积，即切削厚度与背吃刀量的积：

$$A_D = h_D b_D$$

1）铣削用量的概念

在铣削过程中所选用的切削用量称为铣削用量，包括铣削宽度、铣削深度、铣削速度和进给量。

（1）铣削宽度（B）。它是指工件在一次进给中，铣刀切除工件表层的宽度，通常用符号 B 来表示。

（2）铣削深度（a_p）。它是指工件在一次进给中，铣刀切除工件表层的厚度，通常用符号 a_p 来表示。

（3）铣削速度（v_c）。它是指主运动的线速度，单位是 m/min。铣削速度即铣刀切削刃上离中心最远点的圆周速度，其计算公式为

$$v_c = \frac{\pi \cdot d_0 \cdot n}{1\,000}$$

式中：d_0——铣刀外径，mm；

$\qquad n$——铣刀转速，r/min。

（4）进给量（f）。它是指工件相对于铣刀进给的速度，有以下三种表示方法：

每齿进给量（f_z）——铣刀每转过一齿，工件相对于铣刀移动的距离，mm/z；

每转进给量（f_r）——铣刀每转过一转，工件相对于铣刀移动的距离，mm/r；

每分进给量（f_{min}）——每分钟工件相对于铣刀移动的距离，mm/min。

每齿进给量是选择进给量的依据，而每分进给量则是调整铣床的实用数据。这三种进给量相互关联，关系式为

$$f_{min} = f_r \times n = f_z \times n \times z$$

式中：n——铣刀转速，r/min；

$\qquad z$——铣刀齿数。

2）选择铣削用量

选择铣削用量的依据是工件的加工精度、刀具耐用度和工艺系统的刚度。在保证产品质量的前提下，应尽量提高生产效率和降低成本。

粗铣时，工件的加工精度不高，选择铣削用量应主要考虑铣刀耐用度、铣床功率、工艺系统的刚度和生产效率。首先应选择较大的铣削深度和铣削宽度，当铣削铸件和锻

件毛坯时，应使刀尖避开表面硬层。加工铣削宽度较小的工件时，可适当加大铣削深度。铣削宽度应尽量一次铣出，然后再选用较大的每齿进给量和较低的铣削速度。

半精铣适用于工件表面粗糙度 Ra 要求为 $6.3 \sim 3.2 \ \mu m$。精铣时，为了获得较高的尺寸精度和较小的表面粗糙度值，铣削深度应取小些，铣削速度可适当提高，每齿进给量宜取小值。

一般情况下，选择铣削用量的顺序如下：

（1）先选大的铣削深度；

（2）再选每齿进给量；

（3）最后选择铣削速度。

铣削宽度应尽量等于工件加工面的宽度。

3）选用切削液

（1）切削液的作用如下。

① 切削液具有冷却作用，能迅速带走切削区的热量。

② 润滑作用，减小刀具与工件之间的摩擦，降低切削力，提高工件表面质量和刀具耐用度。

③ 切削液还具有清洗作用，能把工件表面碎屑和污物冲走，使工件表面保持干净。

④ 防锈作用，使机床、工件、刀具不受周围介质的腐蚀。

（2）切削液的种类。

① 水溶液切削液，主要成分是水，故冷却性能好，一般加入一定量的防锈添加剂，其价格低廉，应用广泛。

② 乳化液，是由乳化油加水稀释而成，具有良好的冷却性能。

③ 切削油等，主要成分是矿物油，也可是植物油、硫化油和其他油的混合油，流动性差，是一种以润滑为主的切削液。

选用切削液主要根据工件材料、刀具材料和加工性质来确定。一般粗加工时，因发热量大，宜选用冷却为主的切削液；精加工时宜选用润滑为主的切削液；当加工铸铁、使用硬质合金刀具时，可不加切削液。

（3）切削液的合理使用。

根据工件、刀具的材料和加工性质来确定。

① 粗加工时，由于切削量大，所产生的热量多，切削区的温度容易升高，而且对工件表面的质量要求不高，因此选用以冷却为主，并且具有一定润滑、清洗和防锈作用的切削液，比如水溶液、乳化液。

② 精加工时，由于切削量小，所产生的热量少，而且对工件表面的质量要求高，因此选用以润滑为主，并且具有一定冷却作用的切削液，比如切削油。

③ 加工铸铁等脆性金属时，切屑细小颗粒与切削液混合在一起，容易粘连在铣刀、工件、工作台、导轨上，影响切削性能和加工质量，所以一般不加切削液。

④ 硬质合金刀具切削时，刀具耐热性能好，也可以不用切削液。

（4）切削液的使用要求（见图3-6）。

① 要冲足够的切削液，使铣刀冷却充分，尤其是铣削速度较高和粗加工时尤为重要。

② 铣削一开始就应立即加注切削液，不要等到刀具发热时再冲注，否则会使铣刀磨损过早，并可能使刀具产生裂纹。

③ 切削液应冲注在切屑从工件分离的部位，即发热量最大、温度最高的地方。

④ 定期检查切削液的质量，尤其是乳化液，使用变质的乳化液不能达到预期的效果。

图 3-6　切削液的使用

2. 安装工件

工件要进行切削加工，首先要将工件装夹在相应的夹具上，保持与刀具之间的正确的相对运动关系。工件在机床上的装夹分定位和夹紧两个过程。定位就是使工件在机床上具有正确的位置。工件定位后必须夹紧，以保证工件在重力、切削力、离心惯性力等力的作用下保持原有的正确位置。工件的装夹必须先定位后夹紧。在铣床上加工平面时，一般都用机用虎钳，或用螺栓、压板把工件装夹在工作台上；大批量生产中，为了提高生产效率，可使用专用夹具来装夹。

铣床常用的装夹方式如图 3-7 所示。

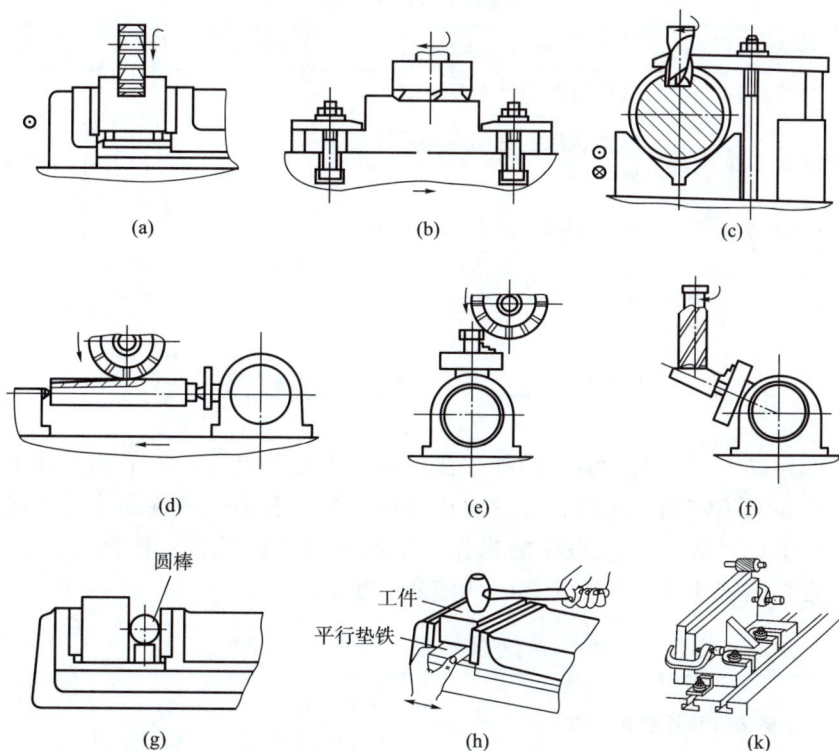

图 3-7　铣床常用的装夹方式

（a）平口钳；（b）压板螺钉；（c）V 形铁；（d）分度头顶尖；（e）分度头卡盘（直立）；

（f）分度头卡盘（倾斜）；（g）用圆棒夹持工件；（h）用平行垫块夹持工件；

（k）用直角铁夹持工件

总结与评价

认识普通铣床任务实施工作总结 3-1

项目实施总结	
小组成员	完成日期

[任务检查与评价]

认识普通铣床任务评价 3-1

序号	评价项目	项目要求	分值	得分	总评
1	铣床结构	认识铣床的种类及用途	25		A□（86~100） B□（76~85） C□（60~75） D□（60以下）
2	铣削加工技术	掌握铣床的铣削方法及铣削参数选择	25		
3	安全文明生产	操作正确、规范，动作协调	25		
4	铣床夹具	铣削装夹方式选择	25		

任务（二）　操作普通铣床

　　铣床的运动由刀具的旋转运动和工作台的进给运动组成，在了解了铣床机构的基础上，通过对主轴箱、进给箱等的手动操作训练，熟悉机床各部分的组成；熟悉机床操作手柄的功能；熟悉机床的操作；掌握安全操作规程；能独立操作普通铣床。激发心系国家建设、勇于担当时代使命的爱国情怀。

操作普通铣床工作任务书 3-2

任务一　认识铣削加工	任务目标
任务（二）　操作普通铣床 1. 认识普通铣床手柄的作用 2. 认识普通铣床刻度盘的计算 3. 认识操作铣床铣削的方法及安全技术	1. 熟悉普通铣床手柄的作用 2. 会普通铣床刻度盘的计算 3. 会铣床平面的铣削操作 4. 激发心系国家建设、勇于担当时代使命的爱国情怀

学习笔记

工作任务

本项目的任务是通过学习，认识普通铣床操作手柄的作用及操作方法，了解刻度盘的计算方法。

以工作小组（6 人/组）为单位完成该工作过程。

提交材料

1. 操作普通铣床工作任务资讯工作单
2. 操作普通铣床任务计划工作单
3. 操作普通铣床任务实施工作单
4. 操作普通铣床任务总结

任务完成时间	2 h

操作普通铣床工作任务资讯工作单 3-2

资讯内容	
资讯记录	
小组成员	完成日期

操作普通铣床任务计划工作单 3-2

计划内容	
计划项目	
小组成员	完成日期

操作普通铣床任务实施工作单 3-2

实施内容	
项目实施记录	
小组成员	完成日期

知识链接

一、铣床操作准备

1. 熟悉铣床上各操作手柄的位置
2. 了解铣床操作训练的安全要求
（1）独立操作，不能多人围绕、紧靠机床，以免发生事故。
（2）不能用手触摸正在旋转的主轴。
（3）不能用手触摸正在快速进给的工作台手柄。
（4）衣服和袖口远离旋转部位，以免卷入。
（5）进给速度和主轴转速不宜过高。

二、铣床操作

1. 主轴变速操作

主轴变速箱安装在床身右侧，变换主轴转速由变速手柄和转速盘实现，转速可达 30~1 500 r/min，共 18 种。

主轴变速操作步骤如下：
（1）在转速表中找到需要的主轴转速位置；
（2）转动手柄到对应的颜色和位置，即为需要的转速，如图 3-8 所示。

2. 进给变速操作

（1）在转速表中找到需要的进给速度位置；
（2）转动手柄到对应的颜色和位置，即为需要的进给速度，如图 3-9 所示。

3. 电器部分操作

电器部分在机床工作台右侧，电器操作开关如图 3-10 所示。
（1）红色急停开关，顺时针旋出，电源接通。

（2）按主轴启动开关，主轴正转。

（3）按进给启动开关，进给箱电动机转动。

（4）冷却泵开关位于铣床右侧面右下部，当需要冷却时，则将开关拨至"接通"位置。

图 3-8　主轴变速操纵手柄　　图 3-9　进给变速操纵手柄　　图 3-10　电器操作开关

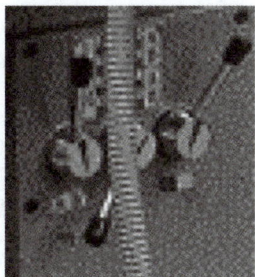

4. 工作台进给操作

1）工作台手动操作（见图 3-11）

（1）纵向手动进给操作。

工作台左边手动纵向进给手柄，将手柄与纵向丝杠接通，略加力边推边转动手柄，摇动速度均匀适当。每转一转为 6 mm，每格 0.05 mm。

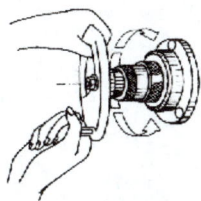

图 3-11　工作台手动操作

（2）横向手动进给操作。

工作台正面手动横向进给手柄，将手柄与纵向丝杠接通，略加力边推边转动手柄，摇动速度均匀适当。每转一转为 6 mm，每格 0.05 mm。

（3）垂向手动进给操作。

工作台正面手动垂向进给手柄，将手柄与纵向丝杠接通，略加力边推边转动手柄，摇动速度均匀适当。每转一转为 2 mm，每格 0.05 mm。

2）工作台机动进给操作

（1）纵向机动进给。工作台纵向手柄为复式，手柄有三个位置，即左、右、停止，如图 3-12 所示。

（2）横向、垂向机动进给。工作台纵向手柄为复式，手柄有五个位置，即上、下、前、后、停止，如图 3-13 所示。

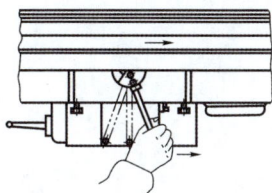

图 3-12　纵向机动进给　　图 3-13　横向、垂向机动进给

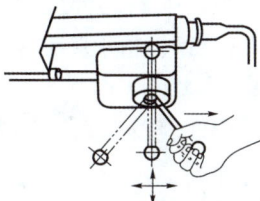

3）铣床操纵的注意事项

（1）电器操纵开关是塑料的，容易老化断裂，当开关损坏时应及时更换，不能用钢丝钳等扳动开关。

（2）主轴变速时，手柄上推的速度应合适，若中间时间过长，则容易引起主轴连续旋转，可能使变速器齿轮碰撞损坏。

（3）铣床的快速进给容易产生滑行，即松开开关后，快速进给继续进行。因此用快速进给接近工件时应留余地，以免发生碰撞，造成刀具、工件损坏。

（4）操纵横向和升降十字手柄时，方位要准确，否则容易发生横向和升降自动进给联动，引发事故。

（5）快速进给一般采用不使用极限挡块停止进给的操作方式。

三、铣床保养

1. 班前

（1）擦净机床各部分的外露导轨及滑动面。

（2）按规定润滑各部位，油质、油量符合要求。

（3）检查各手柄位置。

（4）空铣试运转几分钟。

2. 班后

（1）将铁屑清扫干净。

（2）擦净机床各部位。

（3）部件归位。

（4）认真填写交接班记录及其他记录。

3. 外表保养

（1）清洗机床外表及死角，外表无锈蚀、无黄斑、漆见本色。

（2）检查并补齐螺钉、手柄和手球。

4. 铣头

（1）检查主轴进给手柄是否正常。

（2）检查主轴运转是否畅顺。

（3）检查各调速和功能手柄是否正常。

（4）检查油杯是否有润滑油。

5. 工作台

（1）检查各进给手柄是否正常。

（2）检查各锁紧手柄是否正常。

（3）检查工作台转动间隙是否正常。

6. 机床导轨及润滑

（1）清扫导轨外表及死角，外表无锈蚀。

（2）加润滑油。

7. 冷却

（1）检查冷却泵运转是否正常。

（2）检查油质保持良好，油杯齐全，油窗明亮。

（3）检查注油器，油面低时要加入新油，要求油路畅通。

四、机用平口钳的安装、校正

1. 平口钳的应用

平口钳是铣床上常用的装夹工件的附具。铣削零件的平面、阶台、斜面和铣削轴类零件的键槽等，都可以用平口钳装夹工件。

2. 平口钳的安装

一般情况下，平口钳安装在工作台上的位置，应处于工作台长度方向中间偏右、宽度方向的中间，以方便操作，如图 3-14 所示。

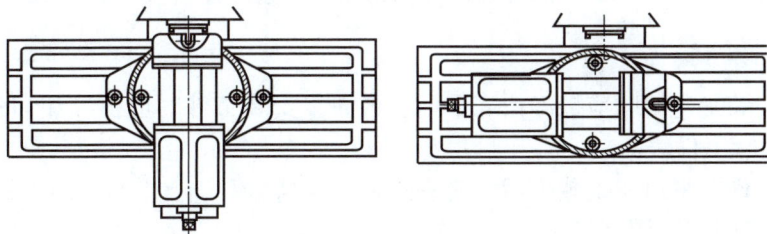

图 3-14　平口钳安装方式

3. 平口钳的找正（见图 3-15）

利用百分表精确找正。校正时，将磁性表座吸在横梁导轨面上或立铣头主轴部分，安装百分表，使表的测量杆与固定钳口平面垂直，测量触头触到钳口平面，测量杆压缩 0.3~0.5 mm，纵向移动工作台，观察百分表读数，在固定钳口全长内一致，则固定钳口与工作台进给方向平行，这样才能在加工时获得一个好的位置精度。

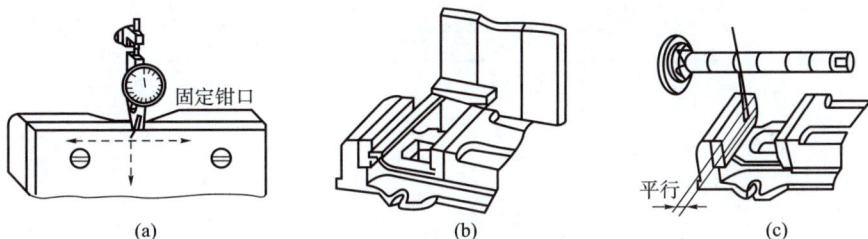

固定钳口

(a)　　　　　　　　(b)　　　　平行　　　(c)

图 3-15　平口钳的找正

4. 用机用虎钳装夹工件

（1）装夹工件时，必须将零件的基准面紧贴固定钳口或导轨面，承受铣削力的钳口最好是固定钳口。

（2）工件的余量层必须稍高出钳口，以防钳口和铣刀损坏。

（3）工件一般装夹在钳口中间，使工件装夹稳固、可靠。

（4）装夹的工件为毛坯面时，应选一个大而平整的面作粗基准，将此面靠在固定钳口上，在钳口和毛坯之间垫铜皮，防止夹伤已加工工件表面。

（5）装夹已加工零件时，应选择一个较大的平面或以工件的基准面作基准，将基准面靠紧固定钳口，在活动钳口和工件之间放置一圆棒，这样能保证工件的基准面与固定钳口紧密贴合，如图 3-16（a）所示。当工件与固定钳身导轨接触面为已加工面时，应在固定钳身导轨面和工件之间垫平行垫铁，夹紧工件后，用铜锤轻击工件上面，如果平行垫铁不松动，则说明工件与固定钳身导轨面贴合好，如图3-16（b）所示。

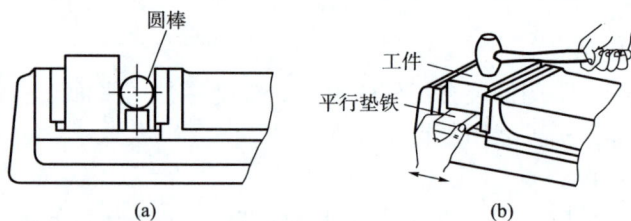

图3-16　装夹工件

（a）用圆棒夹持工件；（b）用平行垫块夹持工件

4. 平口钳上装夹工件注意事项

（1）安装平口钳时应擦净钳底平面、台面，安装工件时应擦净钳口铣刀平面、钳体导轨面、工件表面。

（2）工件在平口钳上装夹后，铣去的余量应高出钳口上平面，高出的尺寸以铣刀铣不着钳口上平面为宜。

（3）工件在平口钳上装夹时，放置的位置应适当，夹紧工作台后钳口受力应均匀。

（4）用平行垫铁装夹工件时，所选垫铁的平行度、平面度、相邻表面垂直度应符合要求。垫铁表面要具有一定的硬度。

总结与评价

操作普通铣床任务实施工作总结 3-2

项目实施总结	
小组成员	完成日期

操作普通铣床任务评价 3-2

序号	评价项目	项目要求	分值	得分	总评
1	铣床组成	描述铣床的组成部分	25		A□（86~100）
2	平口钳安装	描述平口钳的安装、找正方法	25		B□（76~85）
3	铣刀安装	描述铣刀的安装方法	25		C□（60~75）
4	铣床操作	描述铣床的操作步骤	25		D□（60以下）

任务（三）　认识铣刀

[任务要求]

1. 认识常用铣刀。

2. 熟悉铣刀的几何角度。

3. 了解铣刀刃磨。

认识铣刀工作任务书 3-3

任务一　认识铣削加工	任务目标
任务（三）　认识铣刀 1. 认识铣刀的作用 2. 认识铣刀的种类 3. 认识铣刀的结构 4. 认识铣刀的加工范围	1. 了解铣刀种类 2. 了解铣刀结构 3. 熟悉铣刀加工范围 4. 激发心系国家建设、勇于担当时代使命的爱国情怀

工作任务

本项目的任务是通过学习，认识铣刀的种类、构造和加工范围。

以工作小组（6 人/组）为单位完成该工作过程。

提交材料

1. 认识铣刀工作任务资讯工作单

2. 认识铣刀任务计划工作单

3. 认识铣刀任务实施工作单

4. 认识铣刀任务总结

任务完成时间	2 h

认识铣刀工作任务资讯工作单 3-3

资讯内容	
资讯记录	
小组成员	完成日期

认识铣刀任务计划工作单 3-3

计划内容	

计划项目	
小组成员	完成日期

认识铣刀任务实施工作单 3-3

实施内容	
项目实施记录	
小组成员	完成日期

知识链接

一、铣刀的来历

铣刀即具有圆柱体外形，并在圆周及底部带有切削刃，使其进行旋转运动来切削加工工件的切削刀具。

铣刀来源于刨刀。刨刀上只有一面有刀刃，刨刀在来回走动时也只有一面有切削作用，那么刨刀回来的时间就完全浪费掉了。刨刀的刀刃很窄，因此其加工效率很低。人们为了克服这一缺点，故将其进行改进，方法就是将刨刀装在一根轴上，使其快速旋转，让工件慢慢从下面走过，这样就节省了时间，这就是原始的铣刀，也叫作单刃铣刀。之后经过长期的发展，才有了现在各式各样的铣刀。

二、铣刀的分类

1. 圆柱形铣刀

1）圆柱形铣刀的用途

圆柱形铣刀用于在卧式铣床上加工平面，刀齿分布在铣刀的圆周上，按齿形分为直齿和螺旋齿两种，按齿数分为粗齿和细齿两种。螺旋齿粗齿铣刀齿数少，刀齿强度高，容屑空间大，适用于粗加工；螺旋齿细齿铣刀适用于精加工。

2）圆柱形铣刀的特点

（1）生产率高。铣削时铣刀连续转动，并且允许较高的铣削速度，因此具有较高的生产率。

（2）连续切削。铣削时每个刀齿都在连续切削，尤其是端铣，铣削力波动大，故振动是不可避免的。当振动的频率与机床的固有频率相同或成倍数时，振动最为严重。另外，在高速铣削时刀齿还会经过周期性的冷热冲击，容易出现裂纹和崩刃，使刀具耐用度下降。

（3）多刀多刃切削。铣刀的刀齿多，切削刃的总长度大，有利于提高刀具的耐用度和生产率，优点很多。但也存在下述两个方面的问题：一是刀齿容易出现径向跳动，这将造成刀齿负荷不等、磨损不均匀，影响已加工表面质量；二是刀齿的容屑空间必须足够，否则会损害刀齿。

（4）铣削方式不同。根据不同的加工条件，为提高刀具的耐用度和生产率，可选用不同的铣削方式，如逆铣、顺铣或对称铣、不对称铣。

2. 面铣刀

1）面铣刀（也有的称为端铣刀，见图3-17）的用途

面铣刀主要用于加工较大面积的平面。

2）面铣刀的特点

（1）生产效率高。

（2）刚性好，能采用较大的进给量。

（3）能同时多刀齿切削，切削工作平稳。

（4）采用镶齿结构，使刀齿刃磨、更换更为便。

（5）刀具的使用寿命延长。

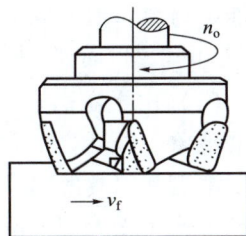

图3-17 面铣刀

3）面铣刀直径的选择

（1）加工平面面积不大，选用刀具时，要注意选择直径比平面宽度大的刀具或铣刀，这样可以实现单次平面铣削。当平面铣刀的宽度达到加工面宽度的1.3～1.6倍时，可以有效保证切屑的较好形成及排出。

（2）加工平面面积大时，就需要选用直径大小合适的铣刀，分多次铣削平面。其中，由于机床的限制、切削的深度和宽度以及刀片与刀具尺寸的影响，铣刀的直径会受到限制。

（3）加工平面较小，工件分散时需选用直径较小的立铣刀进行铣削。为使加工效率最高，铣刀应有2/3的直径与工件接触，即铣刀直径等于被铣削宽度的1.5倍。顺铣时，合理使用这个刀具直径与切削宽度的比值，将会保证铣刀在切入工件时有非常适合的角度。如果不能肯定机床是否有足够的功率来维持铣刀在这样的比

率下切削，则可以把轴向切削厚度分两次或多次完成，从而尽可能保持铣刀直径与切削宽度的比值。

3. 立铣刀

1）立铣刀的种类（见图 3-18）

（1）平头铣刀：进行精铣或粗铣，铣凹槽，去除大量毛坯，精铣小面积水平平面或者轮廓。

（2）球头铣刀：进行曲面半精铣和精铣；小刀可以精铣陡峭面或直壁的小倒角。

（3）带倒角平头铣刀：可做粗铣去除大量毛坯，还可精铣平整面（相对于陡峭面）、小倒角。

（4）成形铣刀：包括倒角刀、T 形铣刀（或叫鼓形刀）、齿形刀和内 R 刀。

图 3-18　立铣刀的种类

①倒角刀：倒角刀外形与倒角形状相同，分为铣圆倒角和斜倒角的铣刀。

②T 形刀：可铣 T 形槽。

③齿形刀：可铣出各种齿形，比如齿轮。

（5）粗皮刀：针对铝、铜合金切削设计的粗铣刀，可快速加工。

2）立铣刀常见材料

立铣刀常用的两种材料：高速钢和硬质合金。硬质合金相对高速钢硬度高，切削力强，可提高转速、进给率和生产率，让刀不明显，并可加工不锈钢、钛合金等难加工材料，但是成本更高，而且在切削力快速交变的情况下容易断刀。

3）立铣刀的振动

（1）由于立铣刀与刀夹之间存在微小间隙，所以在加工过程中刀具有可能出现振动现象。振动会使立铣刀圆周刃的吃刀量不均匀，且切扩量比原定值增大，影响加工精度和刀具使用寿命。但当加工出的沟槽宽度偏小时，也可以有目的地使刀具振动，通过增大切扩量来获得所需槽宽，但这种情况下应将立铣刀的最大振幅限制在 0.02 mm 以下，否则无法进行稳定的切削。在正常加工中立铣刀的振动越小越好。

（2）当出现刀具振动时，应考虑降低切削速度和进给速度，如两者都已降低40%后仍存在较大振动，则应考虑减小吃刀量。

（3）如加工系统出现共振，其可能是切削速度过大、进给速度偏小、刀具系统刚性不足、工件装夹力不够以及工件形状或工件装夹方法等因素所致，此时应调整切削用量。

4. 三面刃铣刀 ［见图 3-19（a）］

1）三面刃铣刀分类

（1）按齿型分类：分直齿和错齿两类。直齿三面刃铣刀用于铣削较浅的定值尺寸的凹槽，也可进行一般槽、台阶面、侧面的光洁加工。错齿三面刃铣刀用于加工较深的沟槽。

（2）YG 类三面刃铣刀：适用于有色金属及合金、铸铁、耐热合金的加工，可切削铸铁件和生铁等。

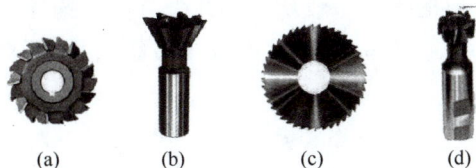

图 3-19　铣刀的类型

(a) 三面刃铣刀；(b) 角度铣刀；(c) 锯片铣刀；(d) T形铣刀

（3）YT类三面刃铣刀：适用于碳素钢与合金钢、钢锻件的加工，适合切削碳钢件和熟铁等。

（4）YW类三面刃铣刀：适用于耐热钢、高锰钢、不锈钢、高级合金钢的加工等。

2）三面刃铣刀的用途

用于中等硬度、强度的金属材料台阶面和槽形面的铣削加工，也可用于非金属材料的加工。超硬材料三面刃铣刀用于难切削材料的台阶面和槽形面的铣削加工。

5. 角度铣刀［见图 3-19（b）］

1）角度铣刀介绍

（1）角度铣刀：用于铣削具有一定角度的沟槽，有单角和双角两种铣刀。

（2）尺寸规格：外径为 60～160 mm，孔径为 16～32 mm。

（3）单角铣刀角度为 18°～90°，厚度为 6～35 mm；双角铣刀角度为 30°～120°，厚度为 10～45 mm。

（4）开齿方式：铣齿，磨齿。

（5）铣刀材料：锻打 M2（6542）、W18 等高性能高速钢。

2）用途

角度铣刀主要用于加工各种角度，或用于加工沟槽、角度槽。

6. 锯片铣刀［见图 3-19（c）］

1）锯片铣刀分类

锯片铣刀按大小分类：中小规格锯片铣刀和大规格锯片铣刀。

（1）中小规格锯片铣刀分类：粗齿、中齿、细齿三类。

（2）中小规格锯片铣刀技术要求：铣刀表面不应有裂纹，切削刃锋利，不会由于崩刃、钝口以及退火等影响其性能。

（3）大规格锯片铣刀：为了节省高速钢并方便制造，一般设计成镶片结构。

2）锯片铣刀常见规格

锯片铣刀的规格如下：

（1）外径规格：外径 20～315 mm，孔径 5～40 mm，厚度 0.2～6.0 mm。

（2）齿数规格：粗齿、中齿、细齿。

（3）齿形规格：尖齿、圆弧齿、交错齿。

7. T形铣刀［见图 3-19（d）］

1）T形铣刀特点

（1）加工T形槽的专用工具，直槽铣出后，可一次铣出精度达到要求的T形槽，铣刀端刃有合适的切削角度，刀齿按斜齿、错齿设计，切削平稳，切削力小。

(2) 规格描述。T 形槽铣刀一般从以下几个方面来描述它的型号：圆盘和齿部直径（外径），圆盘厚度（刃部长度），齿数（刃数），柄部直径（柄径），全长。

三、铣刀材料要求

1. 要求

（1）高硬度和耐磨性：在常温下，切削部分材料必须具备足够的硬度才能切入工件；具有高的耐磨性，刀具才不致磨损，延长使用寿命。

（2）好的耐热性：刀具在切削过程中会产生大量的热量，尤其是在切削速度较高时，温度会很高，因此，刀具材料应具备好的耐热性，即在高温下仍能保持较高的硬度，有继续进行切削的性能，这种具有高温硬度的性质又称为热硬性或红硬性。

（3）高的强度和好的韧性：在切削过程中，刀具要承受很大的冲击力，所以刀具材料要具有较高的强度，否则易断裂和损坏。由于铣刀会受到冲击和振动，因此，铣刀材料还应具备好的韧性才不易崩刃和碎裂。

2. 铣刀常用材料

（1）高速工具钢（简称高速钢、锋钢等），分通用和特殊用途高速钢两种。

① 优点。

a. 合金元素钨、铬、钼、钒的含量较高，淬火硬度可达 HRC62～HRC70。在 600 ℃高温下，仍能保持较高的硬度。

b. 刃口强度和韧性好，抗振性强，能用于制造切削速度一般的刀具，对于刚性较差的机床，采用高速钢铣刀，仍能顺利切削。

c. 工艺性能好，锻造、加工和刃磨都比较容易，还可以制造形状较复杂的刀具。

② 缺点。

与硬质合金材料相比，仍有硬度较低及红硬性和耐磨性较差等缺点。

（2）硬质合金：是金属碳化物、碳化钨、碳化钛和以钴为主的金属黏结剂经粉末冶金工艺制造而成的。

① 能耐高温，在 800～10 000 ℃仍能保持良好的切削性能，切削时可选用比高速钢高 4～8 倍的切削速度。

② 常温硬度高，耐磨性好。

③ 抗弯强度低，冲击韧性差，刀刃不易磨得很锋利。

四、铣刀各几何角度的主要功用

1. 前角

前角是刀具上最重要的一个角度。增大前角，可使切削刃锐利，切削层金属的变形小，并可减小切屑流经前刀面的摩擦阻力，因而切削力和切削热会降低，但刀具切削部分的强度和散热能力将被削弱。显然，前角取得太大或太小都会降低刀具的寿命。前角的合理数值主要根据工件材料来确定，加工强度、硬度低，塑性大的金属，应取较大前角；而加工强度、硬度高的金属，应取较小前角。由于硬质合金的抗弯强度较低、性脆，所以在相同切削条件下其合理前角的数值通常均小于高速钢刀具。

铣刀的前角应根据刀具和工件的材料确定。铣削时常有冲击，故应保证切削刃有较高的强度。一般情况下铣刀前角小于铣刀切削前角，高速钢比硬质合金刀具要大。此外，在铣削塑性材料时，由于切削变形较大，故应取较大的前角；铣削脆性材料时，前角应小些；在加工强度大、硬度高的材料时，还可采用负前角。

2. 后角

后角的主要作用是减小后刀面与工件间的摩擦，同时，后角的大小也会影响刀齿的强度。由于铣刀每齿的切削厚度较小，所以后角的数值一般比铣刀的大，以减小后刀面与工件间的摩擦。粗加工铣刀，或加工强度、硬度较高的工件时，应取较小后角，以保证刀齿有足够的强度；在加工塑性大或弹性较大的工件时，后角应适当加大，以免由于已加工表面的弹性恢复，使后刀面与工件的摩擦接触面过大。

在铣削过程中，铣刀的磨损主要发生在后刀面上，采用较大的后角可以减少磨损，而当采用较大的负前角时，可以适当增加后角。

五、铣刀的应用

在当前众多的汽铣零部件加工、航空工业、医学工程及各种制造业上都会应用到不同规格的铣刀，下面就按铣刀的刀刃数来进行大致分类。

1. 单刃铣刀和双刃铣刀

单刃铣刀和双刃铣刀应用于亚克力板、PC、塑胶板、PVC、板铝塑板、软木、铝板等。

用途：切削。

特点：采用硬质合金做刀体，独特的刃口镜磨工艺，以及高容量的排屑槽，使刀体在高速切割中具有不粘屑、低发热、表面粗糙度低等特点。

材质：钨钢、高速钢、硬质合金。

区别：单刃铣刀切削效率低，因为同样的转速下少一个刃，但是加工表面的表面粗糙度小；双刃铣刀切削效率高，但是由于2个刃可能存在切削角度和切削高度差异，所以加工表面可能稍差。

2. 三刃铣刀和四刃铣刀

加工范围：铝件、塑胶、铸件、铜件、铝合金、钛合金、镍合金、铜合金、不锈钢模具、合金钢、45#钢等。

主要用途：铣平面、侧面、沟槽。

特点：耐热性及同心度高。

材料：钨钢、白钢、硬质合金。

3. 安装铣刀

1）铣刀安装的基本要求

（1）辅具选用。

通常选用的辅具有刀杆、刀轴、弹簧夹头、过渡套等，选用时应符合铣刀装夹部位的尺寸和结构要求。

（2）安装刀杆和铣刀所用的拉紧螺栓的螺纹应与铣刀和刀杆的螺纹尺寸一致，并且螺纹应完好无损。

（3）铣刀安装后应与铣床主轴同轴，不能有跳动和窜动。

2）铣刀安装的基本步骤

（1）擦干净刀杆或刀体、铣刀以及机床内孔的定位表面。

（2）安装刀杆或刀体。

（3）安装铣刀。

（4）紧固铣刀。

（5）卧式铣床使用长刀杆须调整悬臂、支架和支承轴承。

3）铣刀的安装方法

（1）带孔铣刀的安装。带孔铣刀一般安装在铣刀刀轴上，如图 3-20（a）所示。安装铣刀时，应尽量靠近主轴前端，以减少加工时刀轴的变形和振动，提高加工质量。

（2）带柄铣刀的安装。直径为 3~20 mm 的直柄立铣刀可装在主轴上专用的弹性夹头中，如图 3-20（b）所示；锥柄铣刀可通过变换锥套安装在主轴锥度为 7：24 的锥孔中，如图 3-20（c）所示。

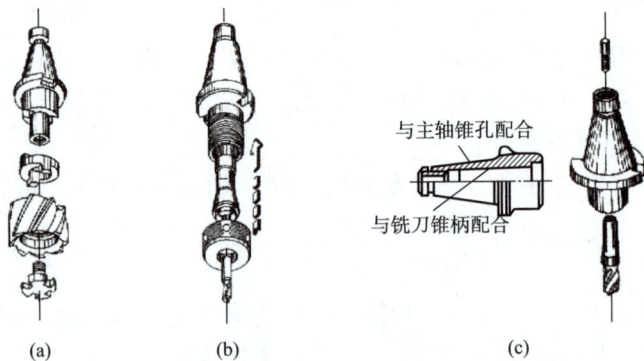

与主轴锥孔配合

与铣刀锥柄配合

（a）　　　　　　　　（b）　　　　　　　　（c）

图 3-20　铣刀安装

（a）带孔铣刀安装；（b）直柄铣刀安装；（c）锥柄铣刀安装

总结与评价

认识铣刀任务实施工作总结 3-3

项目实施总结	
小组成员	完成日期

认识铣刀任务评价 3-3

序号	评价项目	项目要求	分值	得分	总评
1	铣刀	认识铣刀的种类及用途	25		A□ （86~100）
2	铣刀材料	掌握铣刀材料的选择方法	25		B□ （76~85）
3	安全文明生产	操作正确、规范，动作协调	25		C□ （60~75）
4	铣刀装夹	铣刀装夹方式的选择	25		D□ （60 以下）

学习笔记

任务二　铣削平行平面、台阶面

平面、台阶面可以用圆柱铣刀、端铣刀或三面刃盘铣刀在卧式铣床或立式铣床上进行铣削。在机械加工中，有许多零件带有台阶，如阶梯垫铁等，它们通常是用铣床进行加工的。铣削台阶就是铣削加工如图 3-21 所示的台阶面。

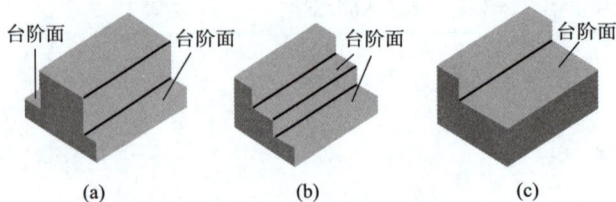

(a)　　　　　　　　(b)　　　　　　　　(c)

图 3-21　零件台阶的形式

铣削平行平面、台阶面工作任务书 3-4

任务二　铣削平行平面、台阶面 1. 掌握台阶面和倒角的加工技术及加工方法 2. 学会测量工件外圆和端面 3. 学会选择、切削刀具	任务目标 1. 了解台阶面和倒角的加工技术及加工方法 2. 会测量工件外圆和端面 3. 会选择、安装刀具 4. 激发心系国家建设、勇于担当时代使命的爱国情怀
技术文件	

工作任务

本项目的任务是掌握台阶面和倒角的加工技术及加工方法。

以工作小组（6 人/组）为单位完成该工作过程。

提交材料

1. 铣削平行平面、台阶面工作任务资讯工作单
2. 铣削平行平面、台阶面任务计划工作单
3. 铣削平行平面、台阶面任务实施工作单
4. 铣削平行平面、台阶面任务总结

任务完成时间	1 h

铣削平行平面、台阶面工作任务资讯工作单 3-4

资讯内容	
资讯记录	
小组成员	完成日期

铣削平行平面、台阶面任务计划工作单 3-4

计划内容	
计划项目	
小组成员	完成日期

铣削平行平面、台阶面任务实施工作单 3-4

实施内容	
项目实施记录	
小组成员	完成日期

知识链接

  在机械加工中，有许多零件带有台阶，如阶梯垫铁等，它们通常是由铣床加工的。铣削台阶就是铣削加工台阶面。

铣削台阶的技术要求主要体现在以下三个方面：

（1）在尺寸精度方面。大多数的台阶与其他的零件相互配合，所以对它们的尺寸公差，特别是配合面的尺寸公差，要求都会相对较高。

（2）在形状和位置精度方面。如各表面的平面度、台阶侧面与基准面的平行度、双台阶对中心线的对称度等要求，对与侧面成一夹角的台阶还有斜度的要求，等等。

（3）在表面粗糙度方面。对与零件之间配合的两接触面的表面粗糙度要求较高，其表面粗糙度值一般应不大于 $Ra6.3\ \mu m$。

一、工件的装夹

1. 用机用虎钳装夹工件

（1）装夹工件时，必须将零件的基准面紧贴固定钳口或导轨面，承受铣削力的钳口最好是固定钳口。

（2）工件的余量层必须稍高出钳口，以防钳口和铣刀损坏。

（3）工件一般装夹在钳口中间，使工件装夹稳固、可靠。

（4）装夹的工件为毛坯面时，应选一个大而平整的面作粗基准，将此面靠在固定钳口上，在钳口和毛坯之间垫铜皮，以防止损伤钳口。

二、台阶铣削方式

零件上的台阶通常可在卧式铣床上采用一把三面刃铣刀或组合三面刃铣刀铣削，或在立式铣床上采用不同刃数的立铣刀铣削。

1. 三面刃铣刀铣台阶

图 3-22 所示为三面刃铣刀铣台阶，这种方法适宜加工台阶面较小的零件，采用这种方法时应注意以下两方面。

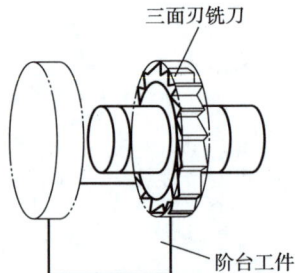

（1）校正铣床工作台零位。在用盘形铣刀加工台阶时，若工作台零位不准，则铣出的台阶两侧将呈凹弧形曲面，且上窄下宽，使尺寸和形状不准，如图 3-23 所示。

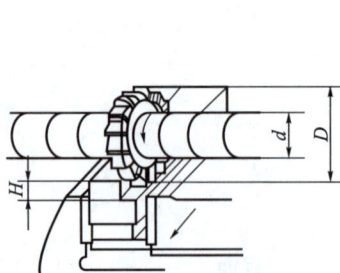

图 3-22　三面刃铣刀铣台阶　　　图 3-23　校正铣床工作台零位

（2）校正机用虎钳。机用虎钳的固定钳口一定要校正到与进给方向平行或垂直，否则钳口歪斜将加工出与工件侧面不垂直的台阶。

用三面刃铣刀铣台阶，三面刃铣刀的周刃起主要切削作用，而侧刃起修光作用。由于三面刃铣刀的直径较大，刀齿强度较高，便于排屑和冷却，能选择较大的切削用量，效率高，精度好，因此通常采用三面刃铣刀铣台阶。

2. 组合铣刀铣台阶

成批铣削双面台阶零件时，可用组合的三面刃铣刀，如图 3-24（a）所示。铣削时，选择两把直径相同的三面刃铣刀，用薄垫圈适当调整两把三面刃铣刀内侧刃的间距，并使间距比图样要求的尺寸略大些，以避免因铣刀侧刃摆差而使铣出的尺寸小于图样要求。静态调好之后，还应进行动态试铣，即在废料上试铣并检测凸台尺寸，直至符合图样尺寸要求。加工中还需经常抽检该尺寸，以避免造成过多的废品。

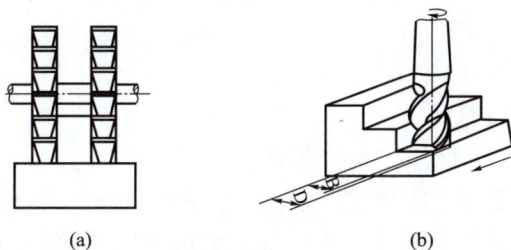

图 3-24　组合铣刀和立铣刀铣台阶

（a）组合铣刀铣台阶；（b）立铣刀铣台阶

3. 立铣刀铣台阶

如图 3-24（b）所示，铣削较深台阶或多级台阶时，可用立铣刀（主要有 2 齿、3 齿、4 齿）铣削。立铣刀周刃起主要切削作用，端刃起修光作用。由于立铣刀的外径通常都小于三面刃铣刀，因此，铣削刚度和强度较差，铣削用量不能过大，否则铣刀容易加大"让刀"导致的变形，甚至折断。

当台阶的加工尺寸及余量较大时，可采用分段铣削，即先分层粗铣掉大部分余量，并预留精加工余量，后精铣至最终尺寸。粗铣时，台阶底面和侧面的精铣余量选择范围通常为 0.5~1.0 mm；精铣时，应首先精铣底面至尺寸要求，后精铣侧面至尺寸要求，这样可以减小铣削力，从而减小夹具、工件及刀具的变形和振动，提高尺寸精度并降低表面粗糙度。

三、对刀方法

1. 深度对刀

移动机床纵向、横向和垂向工作台，使工件铣削部分处于铣刀下方。开启主轴，升降台带动工件缓缓升高，使铣刀刚好切削到工件后停止上升，在垂向刻度盘上做标记，停铣后下降工作台，纵向退出工件，然后竖直方向工作台升台阶高度，留 0.5 mm 精铣余量。

2. 侧面对刀

开启主轴，移动横向工作台，使旋转的铣刀缓慢与工件侧面相接触时停止移动，在横向刻度盘上做好记号，纵向退出工件。根据记号，横向工作台移动台阶宽度，留 0.5 mm 精铣余量，并紧。

四、铣削用量选择

选择铣削用量的依据是工件的加工精度、刀具耐用度和工艺系统的刚度，在保证产品质量的前提下，应尽量提高生产效率和降低成本。

粗铣时，工件的加工精度不高，选择铣削用量应主要考虑铣刀的耐用度、铣床功率、工艺系统的刚度和生产效率。首先应选择较大的铣削深度和铣削宽度，铣削宽度尽量一次铣出，然后再选用较大的每齿进给量和较低的铣削速度。

半精铣适用于工件表面粗糙度要求 Ra 值为 6.3~3.2 μm。精铣时，为了获得较高的尺寸精度和较小的表面粗糙度值，铣削深度应取小些，铣削速度可适当提高，每齿进给量宜取小值。一般情况下，选择铣削用量的顺序如下：

（1）先选大的铣削深度；

（2）再选每齿进给量；

（3）最后选择铣削速度。

铣削宽度尽量等于工件加工面的宽度。

背吃刀量和侧吃刀量的选取主要由加工余量及对表面质量的要求决定：

（1）粗加工表面粗糙度值 Ra 为 12.5~25 μm，采用面铣刀铣削的加工余量小于 2~5 mm，粗铣两次就可以达到要求。

（2）精加工表面粗糙度值 Ra 为 0.8~3.2 μm，可分为半精铣和精铣两步步进行。精铣时，圆周侧吃刀量可取 0.3~0.5 mm，端铣背吃刀量取 0.5~1 mm。

五、台阶的检测方法

台阶的宽度和深度用游标卡尺测量。两边对称的台阶，可用杠杆百分表测量（见图 3-25），深度较深时可用千分尺测量，深度较浅用千分尺测量不便时，则用极限量规测量。

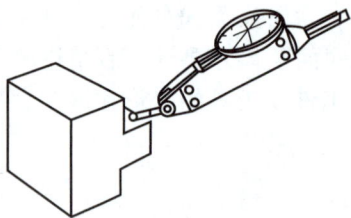

图 3-25　测量对称台阶面

1. 影响台阶形状、位置精度的因素

（1）基准面与虎钳导轨面不平行，造成此现象的因素有：平行垫铁的厚度不相等；该垫铁应在平面磨床上同时磨出；平行垫铁的上下表面与工件和导轨之间有杂物；工件贴住固定钳口的平面与基准面不垂直等。

（2）机用虎钳的底面与工作台面不平行，造成这种现象的原因是机用虎钳的底面与工作台面之间有毛刺或杂物。

（3）铣刀的圆柱度不精确。铣平行面时，一般是铣削—测量—铣削。当尺寸精度的要求较高时，需要在粗铣后再做一次半精铣，半精铣余量以 0.5 mm 左右为宜。由余量决定工作台上升的距离，可用百分表控制移动量，从而控制尺寸精度。

2. 影响台阶表面粗糙度的因素

（1）铣刀变钝。

（2）铣刀摆差太大。

（3）铣削中，铣刀受力不均匀，出现"让刀"现象。

（4）铣削用量选择不当，尤其是进给量过大。

（5）铣削时振动太大，未使用的进给机构没有紧固，工作台产生窜动现象。

平行平面、台阶面的铣削步骤见表 3-2。

表 3-2 平行平面、台阶面的铣削步骤

实施步骤	任务准备	实施要求
1	粗、精铣 6 个平行表面	
2	粗铣台阶面	
3	精铣台阶面	
4	尺寸检测	

总结与评价

铣削平行平面、台阶面任务实施工作总结 3-4

项目实施总结	
小组成员	完成日期

铣削平行平面、台阶面任务评价 3-4

序号	评价项目	项目要求	分值	得分	总评
1	台阶面铣削	台阶面的铣削方法	25		A□（86~100）
2	台阶面铣削刀具	台阶面铣削刀具的选择	25		B□（76~85）
3	安全文明生产	铣削台阶的安全技术	25		C□（60~75）
4	零件检测	台阶面的检测方法	25		D□（60以下）

任务三　铣削沟槽

【任务描述】

在机械加工中，台阶、直角沟槽与键槽的铣削技术是生产各种零件的重要基础，由于这些部件主要应用在配合、定位、支撑与传动等场合，故在尺寸精度、形状和位置精度、表面粗糙度等方面都有着较高的要求。另外，小型零件的切断也经常在铣床上进行。

铣削沟槽工作任务书 3-5

任务三　铣削沟槽	任务目标
1. 掌握沟槽的加工过程及加工方法 2. 学会测量工件沟槽 3. 学会选择、切削刀具	1. 掌握铣削沟槽的加工方法 2. 会测量工件沟槽尺寸 3. 会选择、安装刀具 4. 激发心系国家建设、勇于担当时代使命的爱国情怀
技术文件	

工作任务

本项目的任务是掌握铣削沟槽的加工方法及测量方法。

以工作小组（6 人/组）为单位完成该工作过程。

提交材料

1. 铣削沟槽工作任务资讯工作单
2. 铣削沟槽任务计划工作单
3. 铣削沟槽任务实施工作单
4. 铣削沟槽任务总结

任务完成时间	1 h

铣削沟槽工作任务资讯工作单 3-5

资讯内容	
资讯记录	
小组成员	完成日期

铣削沟槽任务计划工作单 3-5

计划内容	
计划项目	
小组成员	完成日期

铣削沟槽任务实施工作单 3-5

实施内容	
项目实施记录	
小组成员	完成日期

知识链接

　　直角沟槽有敞开式、半封闭式和封闭式三种。敞开式直角沟槽通常用三面刃铣刀加工；封闭式直角沟槽一般采用立铣刀或键槽铣刀加工；半封闭式直角沟槽则须根据封闭端的形式，采用不同的铣刀进行加工。

一、敞开式、半封闭式直角沟槽的铣削

　　敞开式、半封闭式直角沟槽的铣削方法与铣削台阶基本相同。三面刃铣刀特别适宜加工较窄和较深的敞开式或半封闭式直角沟槽。对于槽宽尺寸精度较高的沟槽，通常选择小于槽宽的铣刀，采用扩大法，分两次或两次以上铣削至尺寸要求。由于直角沟槽的尺寸精度和位置精度要求一般都比较高，因此在铣削过程中应注意

以下几点：

（1）要注意铣刀的轴向摆差，以免造成沟槽宽度尺寸超差。

（2）在槽宽需分几刀铣至尺寸时，要注意铣刀单面切削时的让刀现象。

（3）若工作台零位不准，铣出的直角沟槽会出现上宽下窄的现象，并使两侧面呈弧形凹面，如图 3-26 所示。

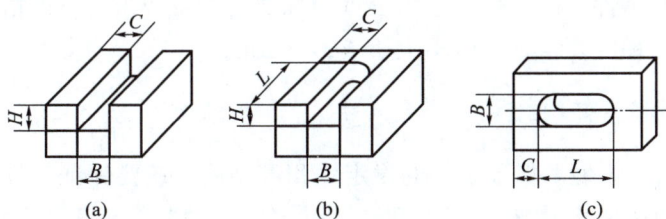

图 3-26　铣削直角沟槽

（a）敞开式；（b）半封闭式；（c）封闭式

（4）在铣削过程中，不能中途停止进给，也不能退回工件。因为在铣削中，整个工艺系统的受力是有规律和方向性的，一旦停止进给，铣刀原来受到的铣削力发生变化，必然使铣刀在槽中的位置发生变化，从而使沟槽的尺寸发生变化。

（5）铣削与基准面呈倾斜角度的直角沟槽时，应将沟槽校正到与进给方向平行的位置再加工。

二、封闭式直角沟槽的铣削

封闭式直角沟槽一般都采用立铣刀或键槽铣刀来加工。加工时应注意以下几点：

（1）校正后的沟槽方向应与进给方向一致。

（2）立铣刀适宜加工两端封闭、底部穿通及槽宽精度要求较低的直角沟槽，如各种压板上的穿通槽等。由于立铣刀的端面切削刃不通过中心，因此，加工封闭式直角沟槽时要在起刀位置预钻落刀孔。

立铣刀的强度及铣削刚度较差，容易产生"让刀"现象或折断，使槽壁在深度方向出现斜度，所以加工较深的槽时应分层铣削，进给量要比三面刃铣刀小一些。

（3）对于尺寸较小、槽宽要求较高及深度较浅的封闭式直角沟槽，可采用键槽铣刀加工。当铣刀的强度、刚度都较差时，应考虑分层铣削。分层铣削时应在槽的一端吃刀，以减小接刀痕迹。

（4）当采用自动进给功能进行铣削时，不能一直铣到头，必须预先停止，改用手动进给方式走刀，以免铣过有效尺寸，造成报废。

敞开式、半封闭式直角沟槽的铣削方法与铣削台阶基本相同。对于槽宽尺寸精度较高的沟槽，通常选择小于槽宽的铣刀，采用扩大法，分两次或两次以上铣削至尺寸要求。

轴上键槽的结构主要有敞开式、半封闭式和封闭式。槽要与键相互配合，主要用于传递扭矩，防止机构打滑。键槽宽度的尺寸精度要求较高，两侧面的表面粗糙度值要小，键槽与轴线的对称度也有较高的要求，键槽深度的尺寸一般要求不高。

具体要求如下：

（1）键槽必须对称于轴的中心线。在机械行业中，一般键槽的不对称度应该小于或等于 0.05 mm，侧面和底面须与轴心线平行，其平行度误差应小于或等于 0.05 mm（在 100 mm 范围内）。

（2）键槽宽度、长度和深度需达到图纸要求。

（3）键槽在零件上的定位尺寸需根据国标或者图纸要求进行严格控制。

（4）表面粗糙度要求一般应不大于 $Ra6.3$ μm。

三、工件的装夹及校正

装夹工件时，不但要保证工件的稳定性和可靠性，还要保证工件在夹紧后的中心位置不变，即保证键槽中心线与轴心线重合。铣键槽的装夹方法一般有以下几种。

1）用机用虎钳安装

如图 3-27（a）所示，用机用虎钳安装适用于在中小短轴上铣键槽。如图 3-27（b）所示，当工件直径有变化时，工件中心在钳口内也随之变动，影响键槽的对称度和深度尺寸。但其装夹简便、稳固，适用于单件生产。若轴的外圆已精加工过，则也可用此装夹方法进行批量生产。

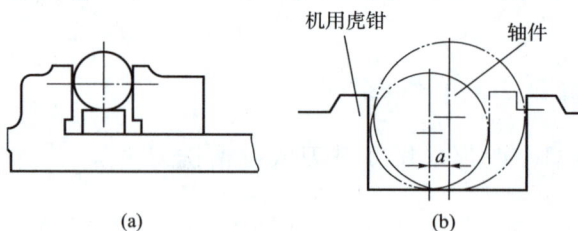

图 3-27 用机用虎钳安装工件

2）用 V 形铁装夹

图 3-28 所示为 V 形铁的装夹情况。V 形铁装夹适用于长、粗轴上的键槽铣削，采用 V 形铁定位支承的优点是夹持刚度好，操作方便，铣刀容易对中，如图 3-28（a）所示。其特点是工件中心只在 V 形铁的角平分线上，随直径的变化而上下变动。因此，当铣刀的中心对准 V 形铁的角平分线时，能保证键槽的对称度。如图 3-28（b）所示，在铣削一批直径有偏差的工件时，虽对铣削深度有影响，但变化量一般不会超过槽深的尺寸公差。如图 3-28（c）所示，在卧式铣床上用键槽铣刀加工，当工件的直径发生变化时，键槽的对称度将发生改变。

3）工作台上 T 形槽装夹

图 3-29 所示为将轴件直接安装在铣床工作台 T 形槽上并使用压板将轴件夹紧的情况，T 形槽槽口处的倒角相当于 V 形铁上的 V 形槽，能起到定位作用。当加工直径为 20~60 mm 的长轴时，可直接装夹在工作台的 T 形槽口上，而阶梯轴件和大直径轴件不适合采用这种方法。

4）用分度头装夹

如图 3-30 所示，如果是对称键与多槽工件的安装，为了使轴上的键槽位置分布准确，大多采用分度头或者是带有分度装置的夹具装夹。利用分度头的三爪自动

(a)   (b)   (c)

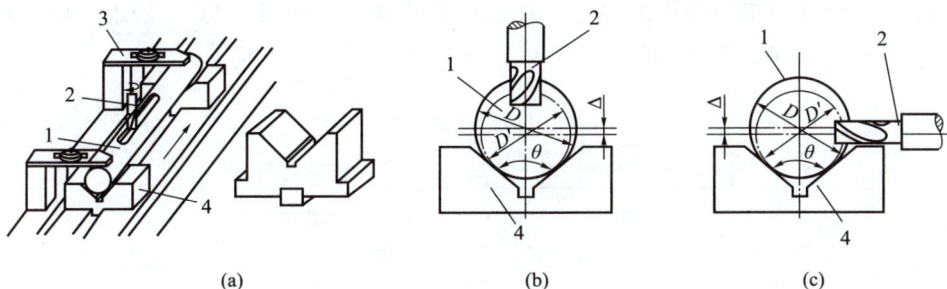

图 3-28　用 V 形铁装夹

1—工件；2—键槽铣刀；3—压板；4—V 形铁

(a)   (b)

图 3-29　在工作台上的 T 形槽装夹

（a）铣削轴端键槽；（b）铣削轴件上通键槽

1—轴件；2—压板；3—工作台；4—铣刀；5—薄铜皮

定心卡盘和后顶尖装夹工件时，工件轴线必定在三爪自定心卡盘和顶尖的轴心线上，工件轴线位置不会因直径变化而变化，因此，轴上键槽的对称性不会受工件直径变化的影响。

5）轴专用虎钳装夹

如图 3-31 所示，使用轴专用虎钳装夹轴类零件时，具有用机用虎钳装夹和 V 形铁装夹的优点，装夹简便、迅速。

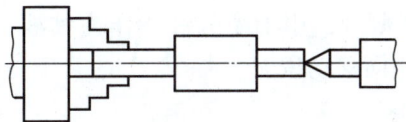

图 3-30　用分度头装夹

图 3-31　轴专用虎钳装夹

6）工件的校正

如图 3-32 所示，要保证键槽两侧面和底面都平行于工件轴线，就必须使工件轴线既平行于工作台的纵向进给方向，又平行于工作台台面。用机用虎钳装夹工件时，用百分表校正固定钳口与纵向进给方向平行，再校正工件上母线与工作台台面平行；用 V 形铁和分度头装夹工件时，既要校正工件母线与纵向进给方向平行，又要校正工件母线与工作台台面平行。在装夹长轴时，最好用一对尺寸相等且底面有键的 V 形铁，以节省校正时间。

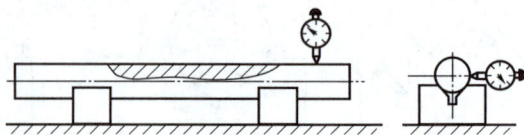

图 3-32　工件的校正

四、铣削键槽的铣刀选择

铣削键槽的过程中，对铣刀的要求是较为严格的，它直接影响到键槽的精度和表面粗糙度。通常，铣削敞开式键槽是用三面刃盘铣刀或切口盘铣刀，铣削封闭式键槽是用立铣刀和键槽铣刀。用立铣刀铣削时，应在槽底位置的一端预钻一个与铣刀直径相等的孔，其深度为槽深。在安装条件等同的情况下，如果铣刀选择的不同，其铣削后的效果就不同，不论是表面粗糙度还是生产率都有差异，下面对比进行具体分析。

1）让刀现象

由于立铣刀齿数较键槽铣刀多，刃带较键槽铣刀长，因此，在立铣刀铣削过程中，当受到一个较大的切削抗力作用时，铣刀就向槽的一侧偏让，在偏让的同时多铣去槽壁一部分，使铣出的槽宽增大，这就是铣工常说的"让刀"现象。铣刀直径越小、铣削深度越大时，让刀越显著。键槽铣刀之所以能克服立铣刀铣削时产生的缺陷，是因为它齿数少，容屑空间大，排屑流畅，刃短，刚度强。

2）表面粗糙度

由于键槽铣刀齿数较立铣刀少、螺旋角小，因此，在铣削时振动大，表面粗糙度大。

五、铣刀切削位置的调整

铣键槽时，调整铣刀与工件相对位置（对中心），使铣刀旋转轴线对准工件轴线，是保证键槽对称性的关键。常用的对中心方法如下。

1）擦边对中心

如图 3-33 所示，先在工件侧面贴一张薄纸，用干净的液体作为黏液，开动铣床，当铣刀擦到薄纸后向下退出工件，再横向移动铣刀。

2）切痕对中心

切痕对中心的方法使用简便，但对中心精度不高，是最常用的对中心方法。

（1）盘形铣刀切痕对中心法。如图 3-34（a）所示，先把工件大致调整到铣刀的中心位置上，开动铣床，在工件表面上切出一个接近铣刀宽度的椭圆形切痕，然后移动横向工作台，使铣刀落在椭圆的中间位置。

（2）键槽铣刀切痕对中心法。如图 3-34（b）所示，其原理和盘形铣刀的切痕对中心法相同，只是键槽铣刀的切痕是个边长等于铣刀直径的四方形小平面。在对中心时，应使铣刀在旋转时落在小平面的中间位置。

图 3-33　擦边对中心

（a）三面刃铣刀；（b）键槽铣刀

3）百分表对中心

图 3-35 所示为工件装夹在机用虎钳内加工键槽。此时，可将杠杆百分表装在铣床主轴上，用手转动主轴，观察百分表在钳口两侧 a、b 两点的读数，若读数相等，则铣床主轴轴线对准了工件轴线。这种对中心法较为精确。

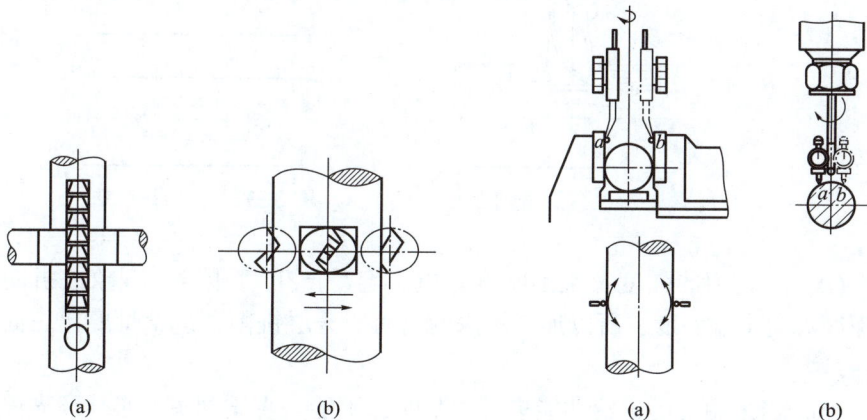

图 3-34　切痕对中心

（a）盘形铣刀切痕对中心法；（b）键槽铣刀切痕对中心法

图 3-35　百分表对中心

图 3-35（b）所示为工件装在 V 形铁或分度头上铣削键槽，移动工作台，使百分表在 a、b 两点的数值相等，即对准中心。

六、沟槽铣削方法

1）分层铣削法

图 3-36 所示为分层铣削法。用这种方法加工，每次铣削深度只有 0.5~1 mm，以较大的进给速度往返进行铣削，直至达到深度尺寸要求。

使用此加工方法的优点是铣刀用钝后，只需刃磨端面，磨短不到 1 mm，铣刀直径不受影响；铣削时不会产生"让刀"现象。但在普通铣床上进行加工时，操作的灵活性不好，生产效率反而比正常切削更低。

2）扩刀铣削法

图 3-37 所示为扩刀铣削法，将选择好的键槽铣刀外径磨小 0.3~0.5 mm（磨出的圆柱度要好）。铣削时，在键槽的两端各留 0.5 mm 余量，分层往复走刀

铣至深度尺寸，然后测量槽宽，确定宽度余量，用符合键槽尺寸的铣刀由键槽的中心对称扩铣槽的两侧至尺寸，并同时铣至键槽的长度，如图3-37所示。铣削时注意保证键槽两端圆弧的圆度。这种铣削方法容易产生"让刀"现象，使槽侧产生斜度。

直角沟槽的尺寸精度和位置精度要求一般都比较高，因此在铣削过程中应注意以下几点：

（1）要注意铣刀的轴向摆差，以免造成沟槽宽度尺寸超差。

（2）在槽宽需分几刀铣至尺寸时，要注意铣刀单面切削时的让刀现象。

（3）在铣削过程中，不能中途停止进给，也不能退回工件。因为在铣削中，整个工艺系统的受力是有规律和方向性的，一旦停止进给，铣刀原来受到的铣削力发生变化，必然使铣刀在槽中的位置发生变化，从而使沟槽的尺寸发生变化。

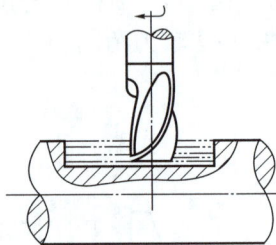

图 3-36　分层铣削法　　　　　图 3-37　扩刀铣削法

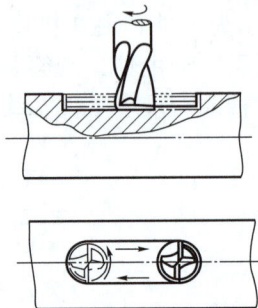

（4）立铣刀的强度及铣削刚度较差，容易产生"让刀"现象或折断，使槽壁在深度方向出现斜度，所以加工较深的槽时应分层铣削，进给量要比三面刃铣刀小一些。

（5）当采用自动进给功能进行铣削时，不能一直铣到头，必须预先停止，改用手动进给方式走刀，以免铣过有效尺寸，造成报废。

平口钳钳体沟槽铣削见表3-3。

表 3-3　平口钳钳体沟槽铣削

实施步骤	任务准备	实施要求	切削参数（学生查阅手册）
1	粗铣宽槽表面，留1~2 mm		
2	粗铣宽槽底面，侧面留0.5 mm		

实施步骤	任务准备	实施要求	切削参数（学生查阅手册）
3	精铣宽槽侧面，留 0.2 mm		
4	粗铣窄槽 20 mm 表面，留 1～2 mm		
5	精铣窄槽 30 mm 表面，留 1～2 mm		
6	精铣窄槽表面		
7	安装锯片铣刀		
8	工件偏转 45° 安装		
9	铣削退刀槽		

七、影响质量因素

用这种加工方法，产生平行度超差的原因有以下三个：

（1）基准面与虎钳导轨面不平行，造成此现象的因素有：平行垫铁的厚度不相等；该垫铁应在平面磨床上同时磨出；平行垫铁的上下表面与工件和导轨之间有杂物；工件贴住固定钳口的平面与基准面不垂直等。

（2）机用虎钳的底面与工作台面不平行，造成这种现象一般是由于机用虎钳的底面与工作台面之间有毛刺或杂物。

（3）铣刀的圆柱度不精确。铣平行面时，一般是铣削—测量—铣削。当尺寸精度的要求较高时，需要在粗铣后再做一次半精铣，半精铣余量以 0.5 mm 左右为宜。通常由余量决定工作台上升的距离，可用百分表控制移动量，从而控制尺寸精度。

总结与评价

铣削沟槽任务实施工作总结 3-5

项目实施总结	
小组成员	完成日期

铣削沟槽任务评价 3-5

序号	评价项目	项目要求	分值	得分	总评
1	刀具选择	合理选择铣削刀具	25		A□（86~100）
2	零件装夹	选择正确的装夹方式	25		B□（76~85）
3	铣削对刀	选择正确的铣削对刀方式	25		C□（60~75）
4	质量检验	使用正确的检验方法	25		D□（60 以下）

项目四　热处理

金属热处理是机械制造中的重要工艺之一，与其他加工工艺相比，热处理一般不改变工件的形状和整体的化学成分，而是通过改变工件内部的显微组织，或改变工件表面的化学成分，赋予或改善工件的使用性能。其特点是改善工件的内在质量及内部的组织结构，而这一般不是用肉眼所能看到的。

任务要求

（1）了解热处理的种类及方法。

（2）掌握淬火处理的加工技术及加工方法。

（3）学会检查工件淬火处理结果。

（4）学会选择淬火处理温度。

热处理工作任务单 4-1

项目四　热处理	任务目标
1. 了解热处理的发展史 2. 了解热处理的种类及方法 3. 掌握淬火处理的加工技术及加工方法 4. 学会检查工件淬火的处理结果 5. 学会选择淬火处理的温度	1. 会淬火处理的加工技术及加工方法 2. 会检查工件淬火处理的结果 3. 会选择淬火处理的温度 4. 杜绝粗心大意，树立差之毫厘、失之千里的工匠精神
技术文件	平口钳固定钳体、活动钳体淬火处理

工作任务

本项目的任务是掌握热处理的加工技术及加工方法。

以工作小组（6人/组）为单位完成该工作过程。

提交材料

1. 热处理工作任务资讯工作单

2. 热处理任务计划工作单

3. 热处理任务实施工作单

4. 热处理任务总结

任务完成时间	1 h

热处理工作任务资讯工作单 4-1

资讯内容	
资讯记录	
小组成员	完成日期

热处理任务计划工作单 4-1

计划内容	
计划项目	
小组成员	完成日期

热处理任务实施工作单 4-1

实施内容	
项目实施记录	
小组成员	完成日期

一、金属热处理基本概念

金属热处理是将金属工件放在一定的介质中加热到适宜的温度，并在此温度中保持一定时间后，又以不同速度冷却从而获得我们所需要的性能的一种工艺。为使金属工件具有所需要的力学性能、物理性能和化学性能，除合理选用材料和各种成形工艺外，热处理工艺往往是必不可少的。钢铁是机械工业中应用最广的材料，钢铁显微复杂，可以通过热处理予以控制，获得我们所需的性能。另外，铝、铜、镁、钛等及其合金也都可以通过热处理改变其力学、物理和化学性能，以获得不同的使用性能。

二、热处理发展概述

在从石器时代进展到铜器时代和铁器时代的过程中，热处理的作用逐渐为人们所认识。早在公元前770—前222年，中国人在生产实践中就已发现，铜、铁的性能会因温度和加压变形的影响而变化。白口铸铁的柔化处理是制造农具的重要工艺。

公元前6世纪，钢铁兵器逐渐被采用，为了提高钢的硬度，淬火工艺遂得到迅速发展。中国河北省易县燕下都出土的两把剑和一把戟，其显微组织中都有马氏体存在，说明其是经过淬火的。

随着淬火技术的发展，人们逐渐发现淬冷剂对淬火质量的影响。三国蜀人蒲元曾在今陕西斜谷为诸葛亮打制3 000把刀，相传是派人到成都取水淬火的。这说明中国在古代就注意到不同水质的冷却能力了，同时也注意到了油和尿的冷却能力。中国出土的西汉（公元前206—公元24年）中山靖王墓中的宝剑，芯部含碳量为0.15%~0.4%，而表面含碳量却达0.6%以上，说明已应用了渗碳工艺。但当时作为个人"手艺"的秘密，不肯外传，因而发展很慢。

1863年，英国金相学家和地质学家展示了钢铁在显微镜下的六种不同的金相组织，证明了钢在加热和冷却时，内部会发生组织改变，钢中高温时的相在急冷时转变为一种较硬的相。法国人奥斯蒙德确立的铁的同素异构理论，以及英国人奥斯汀最早制定的铁碳相图，为现代热处理工艺初步奠定了理论基础。与此同时，人们还研究了在金属热处理加热过程中对金属的保护方法，以避免加热过程中金属的氧化和脱碳等。

1850—1880年，对于应用各种气体（诸如氢气、煤气、一氧化碳等）进行保护加热曾有一系列专利。1889—1890年英国人莱克获得多种金属光亮热处理的专利。

20世纪以来，金属物理的发展与其他新技术的移植应用，使金属热处理工艺得到更大发展。一个显著的进展是1901—1925年，在工业生产中应用转筒炉进行气体渗碳；20世纪30年代出现露点电位差计，使炉内气氛的碳势达到可控，以后又研究出用二氧化碳红外仪、氧探头等进一步控制炉内气氛碳势的方法；20世纪60年代，热处理技术运用了等离子场的作用，发展了离子渗氮、渗碳工艺；激光、电子束技术的应用又使金属获得了新的表面热处理和化学热处理方法。

三、金属热处理的工艺概述

热处理工艺一般包括加热、保温和冷却三个过程，有时只有加热和冷却两个过程。这些过程互相衔接，不可间断。

加热是热处理的重要工序之一。金属热处理的加热方法有很多，最早是采用木炭和煤作为热源，进而应用液体和气体燃料。电的应用使加热易于控制，且无环境污染。利用这些热源可以直接加热，也可以通过熔融的盐或金属，乃至浮动粒子进行间接加热。

金属加热时，工件暴露在空气中，常常发生氧化、脱碳（即钢铁零件表面碳含量降低），这对于热处理后零件的表面性能有很不利的影响。因而金属通常应在可控气氛或保护气氛、熔融盐和真空中加热，也可用涂料或包装方法进行保护加热。

加热温度是热处理工艺的重要工艺参数之一，选择和控制加热温度，是保证热处理质量的主要问题。加热温度随被处理金属材料和热处理的目的不同而异，但一般都是加热到相变温度以上，以获得高温组织。另外转变需要一定的时间，因此当金属工件表面达到要求的加热温度时，还须在此温度保持一定时间，使内外温度一致，并使显微组织转变完全，这段时间称为保温时间。采用高能密度加热和表面热处理时，加热速度极快，通常没有保温时间，而化学热处理的保温时间往往较长。

冷却也是热处理工艺过程中不可缺少的步骤，冷却方法因工艺不同而不同，主要是控制冷却速度。一般退火的冷却速度最慢，正火的冷却速度较快，淬火的冷却速度更快。但还因钢种不同而有不同的要求，例如空硬钢就可以用正火一样的冷却速度进行淬硬。

金属热处理工艺大体可分为整体热处理、表面热处理和化学热处理三大类。根据加热介质、加热温度和冷却方法的不同，每一大类又可区分为若干不同的热处理工艺。同一种金属采用不同的热处理工艺，可获得不同的组织，从而具有不同的性能。钢铁是工业上应用最广的金属，而且钢铁显微组织也最为复杂，因此钢铁热处理工艺种类繁多。

整体热处理是对工件整体进行加热，然后以适当的速度冷却，以改变其整体力学性能的金属热处理工艺。钢铁整体热处理大致有退火、正火、淬火和回火四种基本工艺。

四、热处理的重要作用

热处理是机械零件和工模具制造过程中的重要工序之一。大体来说，它可以保证和提高工件的各种性能，如耐磨、耐腐蚀等，还可以改善毛坯的组织和应力状态，以利于进行各种冷、热加工。

例如白口铸铁经过长时间退火处理可以获得可锻铸铁，提高塑性；齿轮采用正确的热处理工艺，使用寿命可以比不经热处理的齿轮成倍或几十倍地提高；另外，价廉的碳钢通过渗入某些合金元素就具有某些价昂的合金钢性能，可以代替某些耐热钢、不锈钢；工模具则几乎全部需要经过热处理方可使用。

五、热处理四大工艺

1. 正火

正火是将工件加热到适宜的温度后在空气中冷却。正火的效果与退火相似，只是得到的组织更细，常用于改善材料的切削性能，也有时用于对一些要求不高的零件作为最终热处理。

2. 退火

退火是将工件加热到适当温度，根据材料和工件尺寸采用不同的保温时间，然后进行缓慢冷却，目的是使金属内部组织达到或接近平衡状态，获得良好的工艺性能和使用性能，或者为进一步淬火做组织准备。

1）完全退火和等温退火

完全退火又称重结晶退火，一般简称为退火，这种退火主要用于亚共析成分的各种碳钢和合金钢的铸、锻件及热轧型材，有时也用于焊接结构。其一般常作为一些不重工件的最终热处理，或作为某些工件的预先热处理。

2）球化退火

球化退火主要用于过共析的碳钢及合金工具钢（如制造刃具，量具，模具所用的钢种）。其主要目的在于降低硬度，改善切削加工性，并为以后淬火做好准备。

3）去应力退火

去应力退火又称低温退火（或高温回火），这种退火主要用来消除铸件、锻件、焊接件、热轧件、冷拉件等的残余应力。如果这些应力不予消除，将会引起钢件在一定时间以后，或在随后的切削加工过程中产生变形或裂纹。

3. 回火

根据工件性能要求及其回火温度的不同，可将回火分为以下几种：

1）低温回火（150~250 ℃）

低温回火所得组织为回火马氏体。其目的是在保持淬火钢的高硬度和高耐磨性的前提下，降低其淬火内应力和脆性，以免使用时崩裂或过早损坏。它主要用于各种高碳的切削刃具、量具、冷冲模具、滚动轴承以及渗碳件等，回火后硬度一般为HRC58~HRC64。

2）中温回火（350~500 ℃）

中温回火所得组织为回火屈氏体。其目的是获得高的屈服强度、弹性极限和较高的韧性。因此，它主要用于各种弹簧和热作模具的处理，回火后硬度一般为HRC35~HRC50。

3）高温回火（500~650 ℃）

高温回火所得组织为回火索氏体，习惯上将淬火加高温回火相结合的热处理称为调质处理。其目的是获得强度、硬度和塑性及韧性都较好的综合机械性能。因此，广泛用于汽车、拖拉机、机床等的重要结构零件，如连杆、螺栓、齿轮及轴类。回火后硬度一般为HB200~HB330。

（1）降低脆性，消除或减少内应力。钢件淬火后存在很大的内应力和脆性，如不及时回火，往往会使钢件发生变形甚至开裂。

（2）获得工件所要求的机械性能。工件经淬火后硬度高而脆性大，为了满足各种工件不同性能的要求，可以通过适当回火的配合来调整硬度，减小脆性，得到所需要的韧性和塑性。

（3）稳定组织，稳定工件尺寸。

（4）对于退火难以软化的某些合金钢，在淬火（或正火）后常采用高温回火，使钢中碳化物适当聚集，将硬度降低，以利于切削加工。

4. 淬火

淬火是将工件加热保温后，在水、油或其他无机盐、有机水溶液等淬冷介质中快速冷却。淬火后钢件变硬，但同时变脆。为了降低钢件的脆性，将淬火后的钢件在高于室温而低于 650 ℃的某一适当温度进行长时间的保温，再进行冷却，这种工艺称为回火。退火、正火、淬火、回火是整体热处理中的"四把火"，其中的淬火与回火关系密切，常常配合使用，缺一不可。

淬火时，最常用的冷却介质是盐水、水和油。经盐水淬火的工件，容易得到高的硬度和光洁的表面，不容易产生淬不硬的软点，但却易使工件变形严重，甚至发生开裂。而用油作淬火介质只适用于过冷奥氏体的稳定性比较大的一些合金钢或小尺寸的碳钢工件的淬火。

随着加热温度和冷却方式的不同，又演变出不同的热处理工艺。为了获得一定的强度和韧性，把淬火和高温回火结合起来的工艺，称为调质。某些合金淬火形成过饱和固溶体后，将其置于室温或稍高的适当温度下保持较长时间，以提高合金的硬度、强度或电性磁性等，这样的热处理工艺称为时效处理。

把压力加工形变与热处理有效而紧密地结合起来进行，使工件获得很好的强度、韧性配合的方法称为形变热处理；在负压气氛或真空中进行的热处理称为真空热处理，它不仅能使工件不氧化、不脱碳，保持处理后工件表面光洁，提高工件的性能，还可以通入渗剂进行化学热处理。

表面热处理是只加热工件表层，以改变其表层力学性能的金属热处理工艺。为了只加热工件表层而不使过多的热量传入工件内部，使用的热源须具有高的能量密度，即在单位面积的工件上给予较大的热能，使工件表层或局部能短时或瞬时达到高温。表面热处理的主要方法有火焰淬火和感应加热热处理，常用的热源有氧乙炔或氧丙烷等火焰、感应电流、激光和电子束等。

化学热处理是通过改变工件表层化学成分、组织和性能的金属热处理工艺。化学热处理与表面热处理的不同之处是后者改变了工件表层的化学成分。化学热处理是将工件放在含碳、氮或其他合金元素的介质（气体、液体、固体）中加热，保温较长时间，从而使工件表层渗入碳、氮、硼和铬等元素。渗入元素后，有时还要进行其他热处理工艺，如淬火及回火。化学热处理的主要方法有渗碳、渗氮和渗金属。

5. 常用炉型的选择

炉型应依据不同的工艺要求及工件的类型来决定。

（1）对于不能成批定型生产的，工件大小不相等的，种类较多的，要求工艺上具有通用性、多用性的，可选用箱式炉。

（2）加热长轴类及长的丝杆、管子等工件时，可选用深井式电炉。

（3）小批量的渗碳零件，可选用井式气体渗碳炉。

（4）对于大批量的汽车、拖拉机齿轮等零件的生产，可选连续式渗碳生产线或箱式多用炉。

（5）对冲压件板材坯料的加热大批量生产时，最好选用滚动炉和辊底炉。

（6）对成批的定型零件，生产上可选用推杆式或传送带式电阻炉（推杆炉或铸带炉）。

（7）小型机械零件，如螺钉、螺母等，可选用振底式炉或网带式炉。

（8）钢球及滚柱热处理，可选用内螺旋的回转管炉。

（9）有色金属锭坯在大批量生产时可用推杆式炉，而对有色金属小零件及材料可用空气循环加热炉。

六、加热缺陷及控制

1. 过热现象

我们知道热处理过程中加热过热最易导致奥氏体晶粒的粗大，使零件的机械性能下降。

1）一般过热

加热温度过高或在高温下保温时间过长，引起奥氏体晶粒粗化，称为过热。粗大的奥氏体晶粒会导致钢的强韧性降低、脆性转变温度升高，增加淬火时的变形开裂倾向。而导致过热的原因是炉温仪表失控或混料（常为不懂工艺发生的）。过热组织可经退火、正火或多次高温回火后，在正常情况下重新奥氏化使晶粒细化。

2）断口遗传

有过热组织的钢材，重新加热淬火后，虽能使奥氏体晶粒细化，但有时仍会出现粗大颗粒状断口。

产生断口遗传的理论争议较多，一般认为因加热温度过高而使 MnS 之类的杂物溶入奥氏体并富集于晶接口，而冷却时这些夹杂物又会沿晶接口析出，受冲击时易沿粗大奥氏体晶界断裂。

3）粗大组织的遗传

有粗大马氏体、贝氏体、魏氏体组织的钢件重新奥氏化时，以慢速加热到常规的淬火温度，甚至再低一些，其奥氏体晶粒仍然是粗大的，这种现象称为组织遗传性。要消除粗大组织的遗传性，可采用中间退火或多次高温回火处理。

2. 过烧现象

加热温度过高，不仅会引起奥氏体晶粒粗大，而且晶界局部会出现氧化或熔化，导致晶界弱化，称为过烧。钢过烧后性能严重恶化，淬火时形成龟裂。过烧组织无法恢复，只能报废。因此在工作中要避免过烧现象的发生。

3. 脱碳和氧化

钢在加热时，表层的碳与介质（或气氛）中的氧、氢、二氧化碳及水蒸气等发生反应，降低了表层碳的浓度，称为脱碳。脱碳钢淬火后表面硬度、疲劳强度及耐磨性降低，而且表面形成残余拉应力，易形成表面网状裂纹。

加热时，钢表层的铁及合金和元素与介质（或气氛）中的氧、二氧化碳、水蒸气等发生反应生成氧化物膜的现象称为氧化。高温（一般 570 ℃ 以上）工件氧化后尺寸精度和表面光亮度恶化，具有氧化膜的淬透性差的钢件易出现淬火软点。

为了防止氧化和减少脱碳的措施有：工件表面涂料，用不锈钢箔包装密封加热、采用盐浴炉加热、采用保护气氛加热（如净化后的惰性气体、控制炉内碳势）、火焰燃烧炉加热（使炉气呈还原性）。

4. 氢脆现象

高强度钢在富氢气氛中加热时出现塑性和韧性降低的现象称为氢脆。出现氢脆的工件通过除氢处理（如回火、时效等）也能消除氢脆，采用真空、低氢气氛或惰性气氛加热可避免氢脆。

七、几种常见的热处理工艺

1. 正火

正火是将亚共析钢工件加热至 Ac_3 以上 20~40 ℃，保温一段时间后，随炉缓慢冷却（或埋在砂中或石灰中冷却）至 500 ℃ 以下在空气中冷却的热处理工艺。

2. 退火

退火是将工件加热到适当温度，根据材料和工件尺寸采用不同的保温时间，然后进行缓慢冷却，目的是使金属内部组织达到或接近平衡状态，获得良好的工艺性能和使用性能，或者为进一步淬火做组织准备。

3. 固溶热处理

固溶热处理是指将合金加热至高温单相区恒温保持，使过剩相充分溶解到固溶体中，然后快速冷却，以得到过饱和固溶体的热处理工艺。

4. 时效

时效是指合金经固溶热处理或冷塑性形变后，在室温放置或稍高于室温保持时，其性能随时间而变化的现象。

5. 固溶处理

固溶处理是使合金中各种相充分溶解，强化固溶体并提高韧性及抗蚀性能，消除应力与软化，以便继续加工成型。

6. 时效处理

时效处理是指在强化相析出的温度加热并保温，使强化相沉淀析出，得以硬化，提高强度。

7. 淬火

淬火是将钢奥氏体化后以适当的冷却速度冷却，使工件在横截面内全部或一定的范围内发生马氏体等不稳定组织结构转变的热处理工艺。

8. 回火

回火是将经过淬火的工件加热到临界点 Ac_1 以下的适当温度保持一定时间，随后用符合要求的方法冷却，以获得所需要的组织和性能的热处理工艺。

9. 钢的碳氮共渗

碳氮共渗是向钢的表层同时渗入碳和氮的过程。习惯上碳氮共渗又称为氰化，目前以中温气体碳氮共渗和低温气体碳氮共渗（即气体软氮化）应用较为广泛。中温气体碳氮共渗的主要目的是提高钢的硬度、耐磨性和疲劳强度；低温气体碳氮共渗以渗氮为主，其主要目的是提高钢的耐磨性和抗咬合性。

10. 调质处理

一般习惯将淬火加高温回火相结合的热处理称为调质处理。调质处理广泛应用于各种重要的结构零件，特别是那些在交变负荷下工作的连杆、螺栓、齿轮及轴类零件等。调质处理后得到回火索氏体组织，它的机械性能均比相同硬度的正火索氏体组织为好，其硬度取决于高温回火温度并与钢的回火稳定性和工件截面尺寸有关，一般为 HB200～HB350。

11. 钎焊

钎焊是用钎料将两种工件黏合在一起的热处理工艺。

八、45#钢淬火热处理规范

1. 45#钢特性

（1）45#钢由于其综合机械性能好，故调质处理后其硬度可控制的范围宽。钢的热处理是指通过钢在固态下的加热、保温和冷却，改变钢的内部组织，从而改变性能的一种工艺方法。

（2）45#钢的奥氏体稳定性差，加热后需快速淬火冷却才能获得高硬度的马氏体组织。同时，45#钢的导热性良好，淬火时不需要预热而直接入炉加热，加热温度 820～860 ℃。其温度高低的选择视工件具体情况确定，比如重要工件，要求变形严格的选用下限温度，碱浴、硝盐浴分级时选用偏高温度，而较大工件调质时，为提高淬透深度和心部性能，选用 840～860 ℃的温度等。将加热好的零件先在水中停留一定时间，约冷却至 600 ℃，迅速转移至 32 号机油中冷却至室温，水中冷却的目的是不使过冷奥氏体发生珠光体转变，降低组织应力，接近理想的冷却速度，从而不至于零件淬裂。在实际操作中，一般是取上限的，偏高的淬火温度可以使工件加热速度加快，表面氧化减少，且能提高工效。为使工件的奥氏体均匀化，就需要足够的保温时间，一般为 1 min/mm，如果实际装炉量大，则需适当延长保温时间，否则可能会出现因加热不均匀造成硬度不足的现象。但保温时间过长，也会出现晶粒粗大、氧化脱碳严重的弊病，影响淬火质量。通常认为，如装炉量大，则加热保温时间需延长 1/5。

45#钢淬火油温对淬火速度的影响如图 4-1 所示。

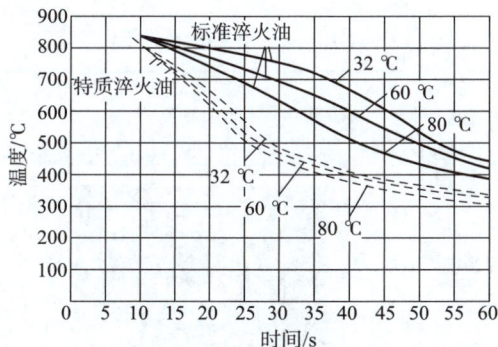

图 4-1　45#钢淬火油温对淬火速度的影响

（3）因为 45#钢淬透性低，故水温要小于 30 ℃。工件入水后，应该淬透，但不是冷透，如果工件在水中冷透，就有可能使工件开裂，这是因为当工件冷却到 180 ℃左右时，奥氏体迅速转变为马氏体，造成过大的组织应力。因此，当淬火工件快冷到该温度区域时，就应采取缓冷的方法。由于出水温度难以掌握，故须凭经验操作，当水中的工件抖动停止时，即可出水空冷（如能油冷更好）。另外，工件入水宜动不宜静，应按照工件的几何形状做规则运动。静止的冷却介质加上静止的工件，导致硬度不均匀，应力不均匀将使工件变形大，甚至开裂。

2. 45#钢淬火后硬度不足

（1）45#钢加热温度偏低，或保温时间不足。

在此状态下，组织中奥氏体的碳和合金元素含量不够，甚至组织中还残存着未转变的珠光体或未溶铁素体，导致45#钢淬火后硬度达不到。

（2）45#钢加热温度过高，或保温时间过长，造成45#钢表面脱碳，导致硬度变低。

3. 临界温度淬火

780 ℃临界温度淬火，可得到极细小的奥氏体晶粒，淬火后显著提高钢的韧性，裂纹敏感性大大降低。截面尺寸相差悬殊而易产生裂纹的工件，临界温度淬火可收到良好效果；也可视工件的不同要求，在724～780 ℃的临界区淬火。

[任务实施]

4. 45#钢淬火操作步骤

1）实验准备

（1）箱式电阻炉；型号为砂型SX2-20-10；额定功率20 kW；额定电压380 V；额定温度1 500 ℃；炉膛尺寸400 mm×300 mm×200 mm。

（2）淬火介质：水（使用温度约20 ℃），100 L。

（3）材料：45#钢零件。

2）操作步骤

（1）打开加热炉，清扫炉膛，将试样置于加热炉中。

（2）设置加热温度，850 ℃。

（3）开始加热，待温度上升到850 ℃开始计时，保温30 min；

（4）30 min后取出迅速放入水中进行水冷。

3）淬火处理实施步骤（见表4-1）

表4-1　淬火处理实施步骤

任务实施	任务准备	实施要求	热处理参数 （学生查阅手册）
1	清理炉膛		
2	放工件		

任务实施	任务准备	实施要求	热处理参数 （学生查阅手册）
3	打开电源设置温度		
4	加热		
5	冷却		

总结与评价

项 目 实 施 总 结	
小组成员	完成日期

[热处理任务实施工作总结]

热处理任务评价 4-1

序号	评价项目	项目要求	分值	得分	总评
1	热处理知识	了解热处理的种类及方法	25		A□（86~100）
2	热处理工艺	掌握淬火处理的工艺过程	25		B□（76~85）
3	热处理温度	正确选择淬火处理温度	25		C□（60~75）
4	质量检验	检查工件淬火处理结果	25		D□（60 以下）

项目五　磨削加工

　　磨削是一种比较精密的金属加工方法，经过磨削的零件有很高的精度和很小的表面粗糙度值。目前用高精度外圆磨床磨削的外圆表面，其圆度公差可达到0.001 mm 左右，相当于一个人头发丝粗细的 1/70 或更小，其表面粗糙度值达到 $Ra0.025$ μm，表面光滑似镜。

任务一　认识磨削加工

　　在现代制造业中，磨削技术占有重要的地位。一个国家的磨削水平，在一定程度上反映了该国的机械制造工艺水平。随着机械产品质量的不断提高，磨削工艺也不断发展和完善。磨床的种类很多，主要有平面磨床、外圆磨床、内圆磨床、万能外圆磨床（也可磨内孔）、齿轮磨床、螺纹磨床、导轨磨床、无心磨床（磨外圆）和工具磨床（磨刀具）等。

任务（一）　认识平面磨床

　　平面磨床是一种重要的机床，是进行定形加工的主要工具。它可以磨削平面和立面的曲面，是制造精密零件的重要设备。各种形式的平面磨床包括立式平面磨床、卧式平面磨床、垂直平面磨床和车削面磨床等。这些不同形式的磨床都具有自动润滑、安全便捷等功能，在加工方面具有很高的精度和效率。认识普通磨床的结构和传动加工范围，掌握普通磨床的润滑和维护保养。差之毫厘、失之千里，培养精益求精的工匠精神。

认识平面磨床工作任务书 5-1

任务一　认识磨削加工	任务目标
任务（一）　认识平面磨床 1. 认识平面磨床的结构和传动 2. 认识平面磨床的润滑和维护保养 3. 认识平面磨床的加工范围	1. 熟悉平面磨床的结构和传动 2. 知道平面磨床的润滑和维护保养 3. 知道平面磨床的加工范围 4. 差之毫厘、失之千里，培养精益求精的工匠精神
任务布置者	任务承接者
工作任务 本项目的任务是通过学习认识平面磨床的结构和传动，了解平面磨床的润滑和维护保养，了解各种常用磨床的加工范围。 以工作小组（6人/组）为单位完成该工作过程。	

学习笔记

提交材料

1. 认识平面磨床工作任务资讯工作单

2. 认识平面磨床任务计划工作单

3. 认识平面磨床任务实施工作单

4. 认识平面磨床任务总结

任务完成时间	2 h

认识平面磨床工作任务资讯工作单 5-1

资讯内容	
资讯记录	
小组成员	完成日期

认识平面磨床任务计划工作单 5-1

计划内容	
计划项目	
小组成员	完成日期

认识平面磨床任务实施工作单 5-1

实施内容	
项目实施记录	
小组成员	完成日期

知识链接

一、磨削加工的特点及磨削过程

1. 磨削加工的特点

砂轮是由磨料和结合剂黏结而成的磨料工具（磨具）。磨粒材料（简称磨料）是一种具有极高硬度的非金属晶体，其硬度大于经热处理后的钢材的硬度，具有极高的可加工性。因此砂轮不但可以磨削铜、铝、钢、铸铁等材料，而且还可以磨削硬度很高的材料。

砂轮是一种特殊的多刃磨削工具。砂轮在磨削时，除了切除极细的小金属外，磨粒还对工件表面进行挤压和摩擦，在磨削区域的磨削温度高达400~1 000 ℃。

磨削加工能获得极高的加工精度和极低的表面粗糙度值。每颗磨粒切去的切削厚度很薄，一般只有几微米，精度可达 IT6 ~ IT7 级，表面粗糙度可达 $Ra0.08$ ~ $Ra0.05$ μm，精度磨削可达到更高，故磨削常用于精加工工序。

磨削作为机械加工的精加工工艺，是工件经过粗加工后，只切除工件表层极薄的金属层，最终达到工件的加工精度和表面粗糙度要求。磨削时吃刀量是很小的。

磨削加工的类型如图 5-1 所示。

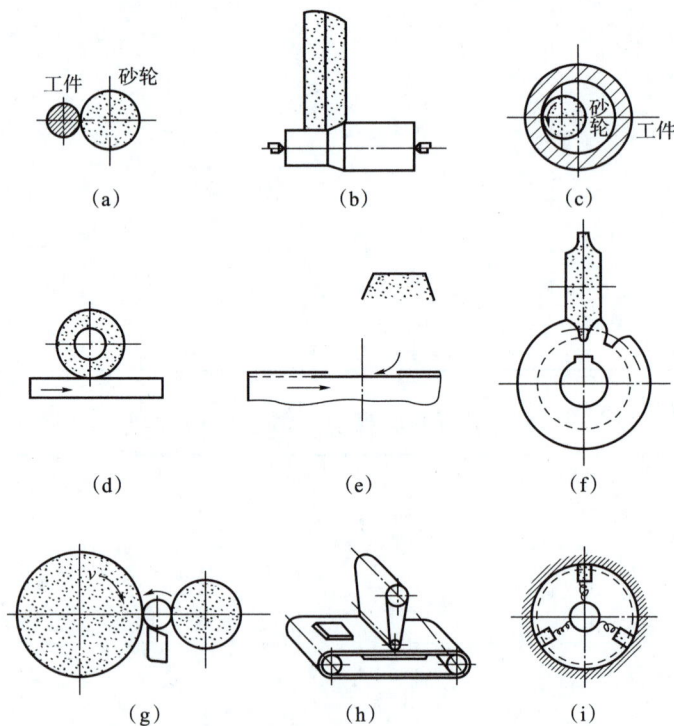

图 5-1 磨削加工的类型

(a) 外圆磨；(b) 深切缓进给外圆磨；(c) 内圆磨；(d) 平面磨（周磨）；(e) 平面磨（端磨）；
(f) 成形磨；(g) 无心磨；(h) 砂带磨；(i) 珩磨

一般磨削加工的金属切除效率及生产效率均较低，高速磨削及强力磨削则有较高的金属切除率,特别是高速磨削的推广具有重要意义。

砂轮在磨削时还具有自锐性。磨粒具有一定的脆性,在磨削力的作用下会破裂,从而更新其切削力,即砂轮的"自锐作用"。

砂轮的工作表面须经过修整,才能形成合适的微刃进行磨削加工。

2. 磨削过程及磨削力、磨削热

1)磨削过程

磨削加工的实质是工件被磨削的金属表层在无数磨粒的瞬间挤压、刻划、切削、摩擦抛光作用下进行的。磨削瞬间起切削作用的磨粒的磨削过程可分为四个阶段:砂轮表面的磨粒与工件材料接触为弹性变形的第一阶段;磨粒继续切入工件,工件进入塑性变形的第二阶段;材料的晶粒发生滑移,使塑性变形不断增大,当磨削力达到工件的强度极限时被磨削层材料产生挤裂,进入第三阶段;最后被切离。磨削过程表现为力和热的作用。

2)磨削力

磨削力是磨削加工时,工件材料抵抗砂轮磨削所产生的阻力。磨削力在空间可分为三个分力:

(1)切削力 F_c。总切削力在主运动方向上的正投影。

(2)背向力 F_p。总切削力在垂直于进给运动方向上的分力。磨削时要特别注意背向力对加工精度的影响。

(3)进给力 F_f。总切削力在进给运动方向上的正投影。

3)磨削热

磨削热是在磨削过程中,由于被磨削材料层的变形、分离及砂轮与被加工材料间的摩擦而产生的热。磨削热较大,热量传入砂轮、磨削工件或被切削液带走。然而砂轮是热的不良导体,因此几乎80%的热量会传入工件和磨屑,并使磨屑燃烧。磨削区域的高温会引起工件的热变形,从而影响加工精度,严重的会产生工件表面灼伤、裂纹等弊病。因此磨削时应特别注意对工件的冷却和减小磨削热,以减小工件的热变形,防止产生工件表面灼伤和裂纹。

二、磨削用量的概念

1. 磨削的基本运动

磨削的运动分主运动和进给运动两种,如图5-2所示。

外圆磨削的进给运动为工件的圆周进给运动、工件的纵向进给运动和砂轮的横向吃刀运动。

内圆磨削的进给运动与外圆磨削相同。

平面磨削的进给运动为工件的纵向(往复)进给运动及砂轮或工件的横向进给运动和砂轮的垂直吃刀运动。

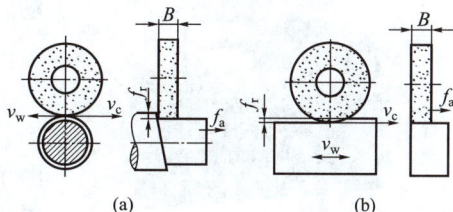

图5-2 磨削运动

2. 磨削用量

磨削用量用于表示磨削加工中主运动及进给运动参数的速度或数量。磨削主运动的磨削用量为砂轮的圆周速度。外圆磨削的磨削用量包括砂轮圆周速度 v_s、工件圆周速度 v_w、纵向进给量 f、被吃刀量 a_p，如图 5-2 所示。

三、切削液

1. 切削液的作用

切削液主要用来降低磨削热和减少磨削过程中工件与砂轮之间的摩擦。切削液主要有以下作用：

（1）冷却作用。

（2）润滑作用。

（3）清洗作用。

（4）防锈作用。

2. 切削液的种类

切削液分为水溶液和油类两大类。常用的水溶液有乳化液和合成液两种，常用的油类有全损耗系统用油和煤油。水溶液以水为主要成分，水的冷却作用很好，但易使机床和工件锈蚀。油类的润滑和防锈作用好，常用于螺纹及齿轮磨床的加工中；但其冷却性较差，会产生油雾。

3. 切削液的正确使用

切削液应该直接浇注在砂轮与工件接触的部位。

切削液流量应充足，并应均匀地喷射到整个砂轮磨削宽度上，能达到冷却效果。

切削液应有一定的压力注入磨削区域，以达到良好的清洗作用，防止磨屑在磨削区域堵塞砂轮表面。

四、平面磨床的结构

M7130 型平面磨床是较为常用的一种平面磨床之一，如图 5-3 所示。下面就以 M7130 为例介绍平面磨床的基本操作。

1. 床身

床身 1 为箱型铸件，上面有 V 形导轨及水平导轨；工作台 2 安装在导轨上。床身前侧的液压操纵箱上安装有垂直进给机构、液压操纵板等，用以控制机床的机械与液压传动。电器按钮板上有电器控制按钮。

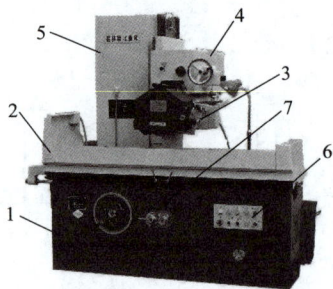

图 5-3　平面磨床

1—床身；2—工作台；3—磨头；4—滑板；
5—立柱；6—电器箱；7—电磁吸盘；
8—电器电钮板；9—液压操纵箱

2. 工作台

工作台 2 是一盆形铸件，上部有长方形台面，下部有凸出的导轨。工作台上部台面经过磨削，并有一条 T 形槽，用以固定工作物和电磁吸盘。在台面四周装有防护罩，以防止切削液飞溅。

3. 磨头

磨头 3 在壳体前部，装有两套油膜滑动轴承和控制轴向窜动的两套球面止推轴承，主轴尾部装有电动机转子，电动机定子固定在壳体上。磨头 3 在水平方向有两种进给形式：一种是断续进给，即工作台换向一次，砂轮磨头横向做一次断续进给，进给量为 1~12 mm；另一种是连续进给，磨头在水平面燕尾导轨上往复连续移动，连续移动速度为 0.3~3 m/min，由进给选择旋钮控制。磨头除了可进行液压传动外，还可做手动进给。

4. 滑板

滑板 4 有两组相互垂直的导轨，一组为垂直矩形导轨，用以沿立柱做垂直移动；另一组为水平燕尾导轨，用以做磨头横向移动。

5. 立柱

立柱 5 为一箱形体，前部有两条矩形导轨，丝杠安装在中间，通过螺母使滑板沿矩形导轨做垂直移动。

6. 电器按钮板

电器电钮板 8 主要用于安装各种电器按钮，通过操作该按钮可控制机床的各项进给运动。

7. 液压操纵箱

液压操纵箱 9 主要用于控制机床的液压传动。

总结与评价

认识平面磨床任务实施工作总结 5-1

项目实施总结	
小组成员	完成日期

[项目评价]

认识平面磨床任务评价 5-1

序号	评价项目	项目要求	分值	得分	总评
1	磨床	认识普通磨床的结构和传动	30		A□（86~100）
2		认识普通磨床的加工范围	30		B□（76~85）
3		认识普通磨床的润滑和维护保养	40		C□（60~75） D☞（60以下）

任务 (二)   操作平面磨床

磨床的运动主要由刀具的旋转运动和工作台的进给运动组成，在了解了磨床机构的基础上，通过对液压系统、进给箱等的手动操作训练，熟悉机床各部分的组成、机床操作手柄功能及机床操作；掌握安全操作规程，能独立操作普通磨床。激发心系国家建设、勇于担当时代使命的爱国情怀。

任务要求

（1）认识普通磨床手柄的作用。

（2）认识普通磨床刻度盘的计算。

（3）认识磨床平面的磨削操作。

操作平面磨床工作任务书 5-2

任务一 认识磨削加工	任务目标
任务 (二) 操作平面磨床 1. 认识平面磨床手柄的作用 2. 认识平面磨床刻度盘的计算 3. 认识平面磨床的磨削操作	1. 了解平面磨床手柄的作用 2. 会平面磨床刻度盘的计算 3. 掌握平面磨床的磨削操作 4. 差之毫厘、失之千里，培养精益求精的工匠精神

工作任务

本项目的任务是通过学习认识普通磨床的结构和传动，了解普通平面磨床的操作方法，了解平面磨床刻度盘的计算方法。

以工作小组（6 人/组）为单位完成该工作过程。

提交材料

1. 操作平面磨床工作任务资讯工作单

2. 操作平面磨床任务计划工作单

3. 操作平面磨床任务实施工作单

4. 操作平面磨床任务总结

任务完成时间	2 h

操作平面磨床工作任务资讯工作单 5-2

资讯内容	
资讯记录	
小组成员	完成日期

操作平面磨床任务计划工作单 5-2

计划内容	
计划项目	
小组成员	完成日期

操作平面磨床任务实施工作单 5-2

实施内容	
项目实施记录	
小组成员	完成日期

知识链接

一、平面磨床的结构及调整

图 5-4 所示为 M7130G/F 型平面磨床的操作示意图。

1. 工作台的操作和调整

操纵步骤：

（1）旋开急停开关 20。

（2）按动液压启动按钮 12，启动液压泵。

（3）调整工作台，使挡铁 3 位于两端位置。

（4）在液压泵工作数分钟后，扳动工作台调速手柄 22，向顺时针向转动，使

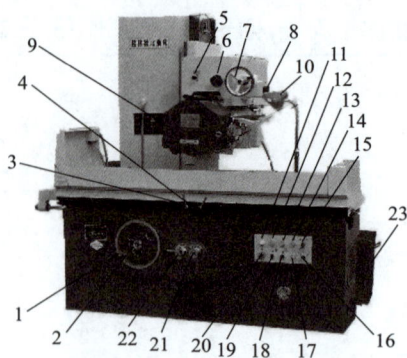

图 5-4　M7130G/F 型平面磨床的操作示意图

1—磨头垂直进给手轮；2—开合螺母；3—挡铁；4—工作台换向手柄；5—磨头润滑按钮；6—磨头换向手柄；
7—磨头横向手动进给手轮；8—磨头横向手动和机动转换按钮；9—磨头；10—机床照明灯；11—电源指示灯；
12—液压电机启动按钮；13—砂轮启动按钮；14—磨头上升按钮；15—机床照明灯开关；16—充退磁选择按钮；
17—磨头下降按钮；18—砂轮停止按钮；19—液压电机停止按钮；20—急停开关；
21—磨头液动进给旋钮；22—工作台启动调速手柄

工作台从慢到快进行运动。

（5）扳动工作台换向手柄 4，使工作台往复换向 2~3 次，检查动作是否正常，然后使工作台自动换向运动。

（6）扳动工作台，启动调速手柄 22，向逆时针方向转动，使工作台从快到慢直至停止运动。

2. 磨头的操纵和调整

1）磨头的横向液动进给

（1）向左转动磨头液动进给旋钮 21，使磨头从慢到快做连续进给；调节磨头左侧槽内挡铁 3 的位置，使磨头在电磁吸盘台面横向全程范围内往复移动，如图 5-5 所示。

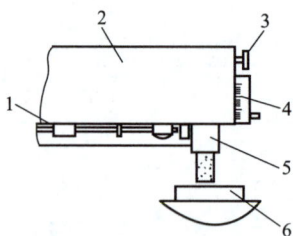

图 5-5　磨头的横向进给

1—挡铁；2—滑板；3—换向手柄；
4—磨头横向进给手轮；
5—磨头；6—电磁吸盘

（2）向右转动旋钮 21，使磨头在工作台纵向运动换向时做横向断续进给，进给量可在 1~12 mm 范围调节。磨头断续或连续进给需要换向时，可操纵换向手柄 6，手柄向外拉出，磨头向外进给；手柄向里推进，磨头向里进给。

2）磨头的横向手动进给

当用砂轮端面进行横向进给磨削时，砂轮需停止横向液动进给。操作时，应将磨头液动进给旋钮 21 旋至中间停止位置，再旋出磨头横向手动和机动转换按钮 8（注：机动进给时需合上按钮 8），然后手摇磨头横向手动进给手轮 7，使磨头做横向进给，顺时针方向摇动手轮，磨头向外移动；逆时针方向摇动手轮，磨头向里移动。手轮每格进给量为 0.01 mm。

3）磨头的垂直自动升降

磨头垂直自动升降是由电器控制的，操纵时，先把开合螺母 2 向外拉出，使操

146　金工实习

纵箱内齿轮脱开，然后按动按钮 14，滑板沿导体移动，带动磨头 9 垂直上升，按动按钮 17，滑板向下移动，磨头垂直下降；松开按钮，磨头就停止升降。磨头的自动升降一般用于磨削前的预调整，以减轻劳动强度，提高生产效率。

4）磨头的垂直手动进给

磨头的进给是通过摇动垂直进给手轮 1 来完成的。操纵时，把开合螺母 2 向里推紧，使操纵箱内齿轮啮合；摇动手轮 1，磨头垂直上下移动。手轮顺时针方向摇动一圈，磨头就下降 1 mm，每格进给量为 0.005 mm。

3. 砂轮的启动

为了保证砂轮主轴使用的安全，在启动砂轮前必须启动润滑泵，使砂轮主轴得到充分润滑。M7130G/F 型平面磨床油箱采用水银限位开关来延迟砂轮启动的时间，保证了砂轮启动的安全。

操作时，在润滑泵启动约 3 min 后，水银开关被顶起，线路接通。按动砂轮启动按钮 13，使砂轮运转；磨削结束后，按动砂轮停止按钮 18，砂轮停止运转。润滑泵不启动，砂轮是无法启动的。

4. 电磁吸盘的使用

在使用电磁吸盘时应注意以下事项：

（1）关掉电磁吸盘的电源后，有时工件不容易取下，这是因为工件和电磁吸盘上仍会保留一部分磁性（剩磁），故需将开关转到退磁位置，多次改变线圈中的电流方向，把剩磁去掉，工件就容易被取下。

（2）装夹工件时，工件定位表面盖住绝缘磁层条数应尽可能地多，以便充分利用磁性吸力。小而薄的工件应放在绝缘磁层中间［见图 5-6（a）］，要避免放成图 5-6（b）所示的位置，并在其左右放置挡板，以防止工件松动［见图 5-6（c）］。

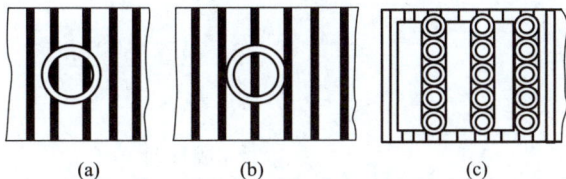

| (a) | (b) | (c) |

图 5-6 小工件的装夹

（3）电磁吸盘台面要经常保持平整光洁，如果台面上出现拉毛，可用三角油石或细砂纸修光，再用金相砂纸抛光。如果台面使用时间较长，表面上划纹和细麻点较多，或者有某些变形，则可以对电磁吸盘台面做一次修磨。修磨时，电磁吸盘应接通电源，使它处于工作状态。磨削量和进刀量要小，冷却要充分，待磨光至无火花出现时即可，应尽量减少修磨次数，以延长其使用寿命。

（4）工件结束后，应将吸盘台面擦净。

二、平面磨床操作安全

1. 开机操作前

检查操作手柄、开关、按钮是否在正确位置，操纵是否灵活，安全装置是否齐全、可靠。

接通电源，机床空转 2～3 min，查看运转情况是否正常，如有异常，应及时检修。

检查油标的液面的指示高度是否合适、油路是否畅通，在规定部位加润滑油。确认液压、电气系统是否运转正常后可正常工作。

2. 操作中

（1）严禁超性能运转。

（2）严禁在工作台台面上敲打、校直和修正工件。

（3）检查工作台上电磁吸铁是否把工件吸附牢固。

（4）开车时要修整砂轮，使其切削锋利，减小切削负荷。

3. 操作后

（1）必须将各手柄置于"停面"位置，切断电源。

（2）进行日常清洁保养。

总结与评价

操作平面磨床任务实施工作总结 5-2

项 目 实 施 总 结	
小组成员	完成日期

操作平面磨床任务评价 5-2

序号	评价项目	项目要求	分值	得分	总评
1	磨床操作	认识平面磨床手柄的作用	25		A□（86~100） B□（76~85） C□（60~75） D□（60以下）
2		认识平面磨床刻度盘的计算	25		
3		认识平面磨床的磨削操作	25		

任务（三） 认识砂轮

[任务描述]

1. 认识常用砂轮。

2. 熟悉砂轮的切削原理。

3. 能刃磨砂轮。

认识砂轮工作任务书 5-3

任务一　认识磨削加工	任务目标
任务（三）　认识砂轮 1. 认识砂轮的作用 2. 认识砂轮的种类 3. 认识砂轮的结构 4. 认识砂轮的加工范围	1. 了解砂轮的种类及应用 2. 了解砂轮的结构及组成 3. 掌握砂轮的加工范围 4. 差之毫厘、失之千里，培养精益求精的工匠精神

任务布置者		任务承接者	

工作任务

本项目的任务是通过学习，认识砂轮结构、种类以及加工范围。

以工作小组（6 人/组）为单位完成该工作过程。

提交材料

1. 认识砂轮工作任务资讯工作单
2. 认识砂轮任务计划工作单
3. 认识砂轮任务实施工作单
4. 认识砂轮任务总结

任务完成时间	2 h

认识砂轮工作任务资讯工作单 5-3

资讯内容	
资讯记录	
小组成员	完成日期

认识砂轮任务计划工作单 5-3

计划内容	
计划项目	
小组成员	完成日期

认识砂轮任务实施工作单 5-3

实施内容	
项目实施记录	
小组成员	完成日期
小组成员	完成日期

知识链接

砂轮是一种特殊的刀具，它由磨料和结合剂以适当的比例混合成形后，再经过压制、干燥、烧结而成。磨粒、结合剂、空隙是构成砂轮结构的三要素，如图5-7所示。

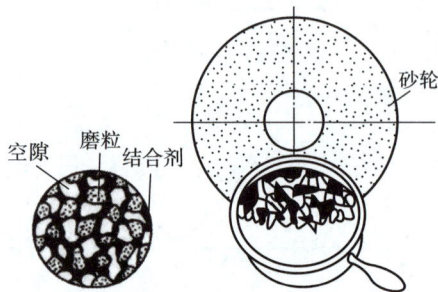

图5-7　砂轮结构的三要素

一、砂轮的工作特性

砂轮的工作特性主要由磨料、粒度、结合剂、硬度、组织、形状和尺寸、强度七个要素来表示。

1. 磨料

磨料是构成砂轮的主要材料，在磨削时需经过强烈的摩擦、挤压和高温作用，因此需具备很高的硬度，有一定的韧性、强度和稳定性。

磨料分天然磨料和人造磨料两大类。天然磨料含杂质较多，且价格昂贵，很少采用。目前采用的主要是人造磨料，分为刚玉类、碳化硅类和超硬类三大类。

1）刚玉类磨料

刚玉类磨料的主要成分是氧化铝（Al_2O_3），它由铝矾土等原料在高温电炉中熔炼而成，具有极高的硬度。按氧化铝含量及渗入物不同，刚玉大致分为棕刚玉（A）、白刚玉（WA）、铬刚玉（PA）、微晶刚玉（MA）和单晶刚玉（SA）五种。

2）碳化硅类磨料

碳化硅类磨料的主要成分是碳化硅（SiC），它由硅石和焦炭在高温电炉中熔炼而成，其硬度的脆性比氧化铝更高，磨粒更锋利。碳化硅可分为绿色碳化硅（GC）和黑色碳化硅（C）两种。

3）超硬类磨料

超硬类磨料是近年来发展起来的新型磨料，是利用超高压、超高温技术制成的，是目前已知物质中最硬的材料，其刃口非常锋利，有极好的切削性能。目前我国能制造的超硬类磨料有人造金刚石（SDV）和立方氮化硼（CBN）两种。

2. 粒度

粒度是表示磨粒尺寸大小的参数，粒度号越大，表示磨料颗粒越小。国家标准 GB/T 2477—1994《磨料粒度及其组成》规定，粒度用 41 个粒度代号表示。粒度代号有两种测定法：筛网法和显微镜测定法。

粒度指磨料颗粒的大小。粒度分磨粒与微粉两种类型。磨粒用筛网法分类，它的粒度号以筛网上 1 in① 长度内的孔眼数来表示。例如 60# 粒度的磨粒，说明能通过每英寸长有 60 个孔眼的筛网，而不能通过每英寸长有 70 个孔眼的筛网；120# 粒度说明能通过每英寸长有 120 个孔眼的筛网。

对于颗粒尺寸小于 40 μm 的磨料，称为微粉。微粉用显微测量法分类，它的粒度号以磨料的实际尺寸来表示（W），例如 W40 表示微粉宽度尺寸为 40~28 μm。

3. 组织

砂轮组织是表示砂轮内部结构的松紧程度的参数，与磨粒、结合剂、气孔三者的体积比例有关。砂轮组织的代号是以磨料占砂轮体积比例来划分的，砂轮所含磨料比例越大，组织越紧密，组织号越小；反之，空隙越大，砂轮组织越疏松（见图 5-8），组织号越大。

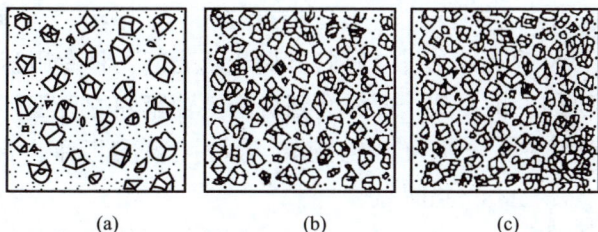

(a)   (b)   (c)

图 5-8　砂轮组织

4. 磨削过程

磨粒在砂轮工作表面上是随机分布的，每一颗磨粒的形状和大小都是不规则的，其刀尖角为 90°~120°，均为负前角。磨粒的切削刃为空间曲线，前刀面为空间曲面且形状不规则，磨粒的切削刃有几个~几十个微米的圆角，经过修正磨粒上会出现微刃，如图 5-9 所示。单颗磨粒磨削过程中磨削的切屑厚度很薄，只有 0.005~0.05 mm。磨削塑性材料时，形成带状切屑；磨削脆性材料时，形成挤裂切屑。在磨削过程中产生的高温作用下，

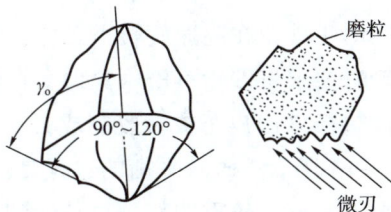

图 5-9　磨削过程

---

① 1 in = 2.54 cm。

切屑熔化可成为球状或灰烬形态。

二、砂轮的安装和拆卸

M7130 型平面磨床选用直径 400 mm 的平形砂轮，且安装与拆卸砂轮均采用专用的套筒扳手，如图 5-10 所示。

砂轮的安装步骤如下：

（1）擦干净磨头架主轴锥体外圆和砂轮法兰盘锥孔。

（2）将已装好砂轮并经过静平衡的砂轮卡盘装到主轴上，用力推紧。

（3）装上专用垫圈，将紧固螺母旋到主轴上（左旋）。

（4）用专用套筒扳手（六角套筒）部分套到紧固螺母上，用榔头逆时针方向敲紧，使砂轮紧固在机床主轴上，如图 5-11 所示。

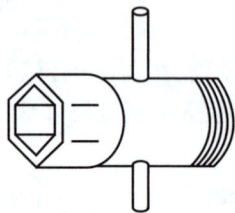

图 5-10　专用套筒扳手　　　　图 5-11　用专用扳手紧固砂轮

（5）关上砂轮罩壳门，进行砂轮修整。

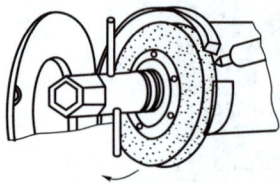

1. 砂轮的拆卸

（1）打开砂轮罩壳门，将专用套筒扳手（六角套筒）部分套到机床主轴紧固螺母上，用榔头顺时针方向（砂轮旋转方向）敲击扳手，卸下紧固螺母和垫圈。

（2）将专用套筒扳手外螺纹部分按砂轮旋转方向旋到砂轮法兰盘螺孔内拧紧，如图 5-12 所示。

图 5-12　用专用套筒扳手拆卸砂轮

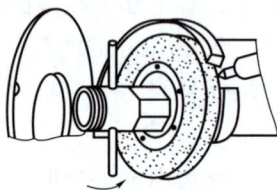

用榔头敲击扳手，使砂轮连同法兰盘从机床主轴上卸下来。

三、砂轮的检查、安装、平衡

由于砂轮在高速旋转下工作，安装前必须经过外观检查，不允许有裂纹，安装砂轮时要求将砂轮不松不紧地套在轴上，并在砂轮和法兰盘之间垫上 1~2 mm 厚的弹性垫板（由皮革或橡胶制成）。为使砂轮平稳地工作，砂轮必须进行静平衡，如图 5-13 所示。砂轮平衡的过程是：将砂轮装在心轴上，并置于平衡架轨道的刃口，如果不平衡，较重的部分总是转到下面，此时可移动法兰盘端面环槽内的平衡铁进行平衡，然后再进行下一次平衡。这样反复进行，直到砂轮圆周在任意位置都能在刃口上静止不动，这就说明砂轮各部分重量均匀，一般直径大于 125 mm 的砂轮都要进行静平衡。

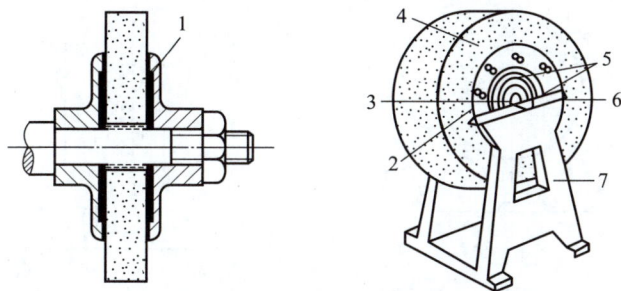

图 5-13　砂轮的检查、安装和平衡

1—弹性垫板；2—砂轮套筒；3—心轴；4—砂轮；5—平衡铁；6—平衡轨道；7—平衡架

四、砂轮修整

砂轮修整的目的：用修整工具把砂轮工作表面修整成所要求的型廓和锐度。修整工具本身不做旋转运动，而是做回转运动或直线运动，修整工具通常是钢的或硬质合金的挤压轮。如图 5-14 所示。

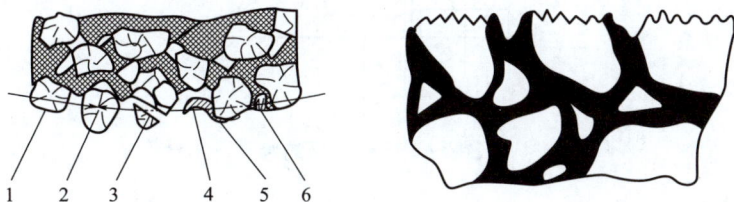

图 5-14　砂轮的修整

1—磨耗平面；2—磨粒脱落；3—破碎磨粒；4—磨屑；5—黏附；6—堵塞

在吸盘上使用的砂轮修整器，其优点是既能修整砂轮外圆，又能修整砂轮端面，而且修整精度较高；缺点是使用不方便，每次修整后要从台面上取下来。此外，由于工件高度与修整器高度一般有一定差距，所以每次修整辅助时间较长。

1. 砂轮圆周面的修整

（1）将金刚石装入砂轮修整器内，并用螺钉紧固。

（2）砂轮修整器安放在电磁吸盘台面上，将电磁吸盘工作状态选择开关拨到"吸着"位置，用手拉动砂轮修整器，检查是否吸牢。

（3）移动工作台及磨头，使金刚石处于图 5-15 所示的位置。

（4）启动砂轮，并摇动垂直进给手轮，使砂轮圆周逐渐接近金刚石，当砂轮与金刚石接触后，停止垂直进给。

（5）移动磨头，做横向连续进给，使金刚石在整个圆周面上进行修整，如图 5-16 所示。

（6）修整至要求后，磨头快速连续退出。

（7）将电磁吸盘退磁，取下砂轮修整器，修整砂轮结束。

2. 砂轮端面的修整

（1）将金刚石从侧面装入砂轮修整器内，并用螺钉紧固。

（2）将砂轮修整器安放在电磁吸盘台面上，通磁吸住。

（3）移动工作台及磨头，使金刚石处于图 5-17 所示左端的位置。

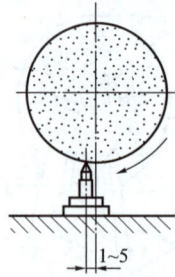

图 5-15　金刚石修整位置

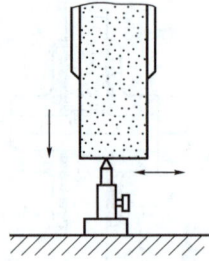

图 5-16　砂轮圆周面的修整

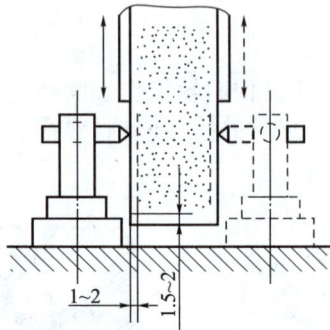

图 5-17　砂轮端面的修整

（4）启动砂轮并摇动磨头横向进给手轮，使砂轮端面接近金刚石，当砂轮端面与金刚石接触时，磨头停止横向进给。

（5）摇动磨头垂直进给手轮，使砂轮垂直连续下降，当金刚石修到接近砂轮法兰盘时，停止垂直进给。

（6）磨头做横向进给，进给量为 0.02～0.03 mm，再摇动垂直进给手轮，使砂轮垂直连续上升，在金刚石离砂轮圆周边缘 2 mm 处停止垂直进给。

（7）如此上下修整数次，在砂轮端面上修出一个约 1 mm 深的台阶平面。

（8）用同样方法修整砂轮内端面至要求（见图 5-17）的右端位置。

3. 操作中应注意的问题

（1）用滑板体上的砂轮修整器修整砂轮，金刚石伸出长度要适中，太长会碰到砂轮端面，无法进行修整；太短由于砂轮修整器套筒移动距离有限，金刚石无法接触砂轮。

（2）在电磁吸盘台面上用砂轮修整器修整圆周面时，金刚石与砂轮中心有一定的偏移量，在修整砂轮时，工作台不能移动，否则金刚石吃进砂轮太深，容易损坏金刚石和砂轮。

（3）在用金刚石修整砂轮端面时，一般采用手动垂直进给，不宜采用自动垂直进给，因为自动垂直进给速度较快，较难控制换向距离，容易进给过头。手动进给时也要注意换向距离，不要使砂轮修整器撞到法兰盘上，也不要升过头将端面凸台修去。

（4）在修整砂轮时，工作台启动调速手柄应转到"停止"位置，不要转到"卸负"位置，否则无法进行修整。

（5）在修整砂轮端面时，砂轮内凹平面不宜修得太宽或太窄。太宽了，磨削时会造成工件发热烧伤，且平面度也较差；太窄了，砂轮端面切削平面，磨损速度快，影响磨削效率。

（6）在用台面砂轮修整器修整砂轮时，应先检查一下修整器是否吸牢，可用手拉一下修整器，检查无误后再进行修整。

总结与评价

认识砂轮任务实施工作总结 5-3

项目实施总结	
小组成员	完成日期

认识砂轮任务评价 5-3

序号	评价项目	项目要求	分值	得分	总评
1	认识砂轮	认识砂轮的结构及应用范围	30		A□（86~100）
2		掌握砂轮的安装方法	40		B□（76~85）
3		掌握砂轮的修整方法	30		C□（60~75）
					D□（60以下）

任务二　磨削平面

在平面磨床上磨削平面有圆周磨削和端面磨削两种形式。卧轴矩台或圆台平面磨床的磨削属圆周磨削，砂轮与工件的接触面积小，生产效率低，但磨削区散热、排屑条件好，因此磨削精度高。

任务要求

（1）掌握平行平面磨削的方法。

（2）掌握垂直平面磨削的方法。

（3）掌握台阶平面磨削的方法。

磨削平面工作任务书 5-4

任务二　磨削平面	
1. 掌握平行平面磨削的方法 2. 掌握垂直平面磨削的方法 3. 掌握台阶平面磨削的方法	**任务目标** 1. 会平面磨削的方法 2. 会台阶平面磨削的方法 3. 能够完成平口钳钳体的磨削 4. 差之毫厘、失之千里，培养精益求精的工匠精神
技术文件	
工作任务 本项目的任务是掌握磨削平面的加工技术及加工方法。 以工作小组（6 人/组）为单位完成该工作过程。 **提交材料** 1. 磨削平面工作任务资讯工作单 2. 磨削平面任务计划工作单 3. 磨削平面任务实施工作单 4. 磨削平面任务总结	
任务完成时间	1 h

磨削平面工作任务资讯工作单 5-4

资讯内容	
资讯记录	
小组成员	完成日期

磨削平面任务计划工作单 5-4

计划内容	
计划项目	
小组成员	完成日期

磨削平面任务实施工作单 5-4

实施内容	
项目实施记录	
小组成员	完成日期

知识链接

一、平面磨削的方法

以卧轴矩台平面磨床为例，平面磨削的常用方法有以下几种。

1. 横向磨削法

横向磨削法是最常用的一种磨削方法，如图 5-18 所示。磨削中，当工作台纵向行程终了时，砂轮主轴做一次横向进给，此时砂轮所磨削的金属层厚度为实际背吃刀量，磨削宽度等于横向进给量。将工件上的第一层金属磨去后，砂轮重新做垂向进给，直至切除全部余量为止，这种方法称为横向磨削法。

横向磨削法因其磨削接触面积小，发热较小，排屑、冷却条件好，砂轮不易堵塞，工件变形小，因而容易保证工件的加工质量。但生产效率较低，砂轮磨损不均匀，磨削时须注意磨削用量和砂轮的正确选择。

1）磨削用量的选择

一般粗磨时，横向进给量可选择(0.1~0.4)/B 双行程（B 为砂轮宽），垂直进给量可选择 0.015~0.03 mm；精磨时，横向进给量可选择(0.05~0.1)B/双行程，垂直进给量为 0.005~0.01 mm。

2）砂轮的选择

一般用平形砂轮，陶瓷结合剂。由于平面磨削时砂轮与工件的接触弧比外圆磨削大，所以砂轮的硬度应比外圆磨削时稍低些、粒度更大些。

2. 深度磨削法

深度磨削法又称切入磨削法，如图 5-19 所示。它是在横向磨削法的基础上发展而成的，其磨削特点是：纵向进给速度低，砂轮通过数次垂向进给，将工件大部分或全部余量磨去，然后停止砂轮垂直进给，磨头做手动横向微量进给，直至把工件整个表面的余量全部磨去，如图 5-19（a）所示。磨削时，也可通过分段磨削，把工件整个表面余量全部磨去，如图 5-19（b）所示。

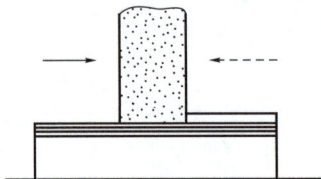

图 5-18　横向磨削法　　　　图 5-19　深度磨削法

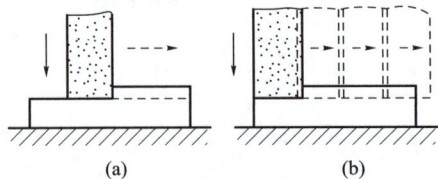

为了减小工件表面粗糙度值，用深度磨削法磨削时可留少量精磨余量（一般为 0.05 mm 左右），然后改用横向磨削法将余量磨去。此方法能提高产效率，因为粗磨时的垂向进给量和横向进给量都较大，缩短了机动时间，一般适用于功率大、刚度好的磨床磨削较大型工件，磨削时须注意装夹牢固，且供应充足的切削液冷却。

二、平面磨削基准面的选择原则

平面磨削基准面的选择准确与否将直接影响工件的加工精度，具体选择原则如下：

（1）在一般情况下，应选择表面粗糙度较小的面为基准面。

（2）在磨大小不等的平面时，应选择大面为基准，这样装夹稳固，并有利于磨去较少余量，以达到平行度要求。

（3）在平行面有形位公差要求时，应选择工件形位公差较小的面或者有利于达到形位公差要求的面为基准面。

（4）根据工件的技术要求和前道工序的加工情况来选择基准面。

[任务实施]

三、工艺准备

阅读分析技术文件为精密平口钳钳体，材料为 45#钢，热处理淬火硬度为 40~45HRC，外形尺寸为 50 mm 和 150 mm，尺寸 26 mm 磨削表面的表面粗糙度为

$Ra0.8\ \mu m$。

四、磨削工艺

（1）磨削方法。

采用横向磨削法，考虑到工件的尺寸精度和平行度要求较高，应划分粗、精磨，分配好两面的磨削余量，并选择合适的磨削用量。

（2）平面磨削基准面的选择准确与否将直接影响工件的加工精度，其选择原则如下：

① 在一般情况下，应选择表面粗糙度值较小的面为基准面。

② 在磨大小不等的平行面时，应选择大面为基准，这样装夹稳固并有利于磨去较少余量，达到平行度公差要求。

③ 在平行面有形位公差要求时，应选择工件形位公差较小的面或者有利于达到形位公差的面为基准面。

④ 根据工件的技术要求和前道工序的加工情况来选择基准面。

（3）工件的定位夹紧用电磁吸盘装夹，装夹前要将吸盘台面和工件的毛刺、氧化层清除干净。

（4）选择砂轮平面磨削应采用硬度软、粒度粗、组织疏松的砂轮，所选砂轮的特性为 WAF46K5V 的平形砂轮。

（5）选择设备。在 M7130A 型卧轴矩台平面磨床上进行磨削操作。

五、工件磨削步骤

（1）修整砂轮。

（2）检查磨削余量。批量加工时，可先将毛坯尺寸粗略测量一下，按尺寸大小分类，并按序排列在台面上。

（3）擦净电磁吸盘台面，清除工件毛刺、氧化皮。

（4）将工件装夹在电磁吸盘上，接通电源。

（5）启动液压泵，移动工作台行程挡铁位置，调整工作台行程距离，使砂轮跃出工件表面 20 mm 左右，如图 5-20 所示。

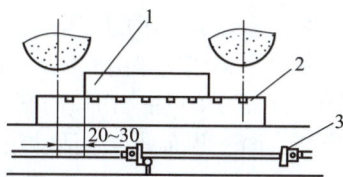

图 5-20　工作台行程距离的调整
1—工件；2—电磁吸盘；3—挡铁

（6）先磨尺寸为 50 mm 的两平面。降低磨头高度，使砂轮接近工件表面，然后启动砂轮，做垂向进给，先从工件尺寸较大处进刀，用横向磨削法粗磨平面，磨出即可。

（7）翻身装夹，装夹前清除毛刺。

（8）粗磨另一平面，留 0.06～0.08 mm 的精磨余量，保证平行度误差不大于 0.015 mm。

（9）精修整砂轮。

（10）精磨平面，表面粗糙度值在 $Ra0.8\ \mu m$ 以内，保证另一面磨余量为 0.04～0.06 mm。

（11）翻身装夹，装夹前清除毛刺。

（12）精磨另一平面，保证厚度尺寸为 50 mm+0.01 mm，平行度误差不大于 0.015 mm，表面粗糙度值在 $Ra0.8\ \mu m$ 以内。

重复上述步骤，磨削尺寸为 100 mm 的两面至图样要求。

六、注意事项

（1）工件装夹时，应将定位面擦干净，以免脏物影响工件的平行度，划伤工件表面。

（2）用砂轮修整器修整砂轮时，砂轮应离开工件表面，不能在磨削状态下修整砂轮。在工作台上用砂轮修整器修整砂轮时，要注意修整器高度的误差，在修整前和修整后均要及时调整磨头高度。工件装夹时，要留出砂轮修整器的安装位置，以便于修整与装卸。

（3）在磨削薄片工件时要注意弯曲变形，砂轮要保持锋利，切削液要充分，磨削深度要小，工作台纵向进给速度可调整得快一些。在磨削过程中，要多次翻转工件，并采用垫纸等方法来减小工件平面度的误差。

（4）在磨削平行面时，砂轮横向进给应选择断续进给，不宜选择连续进给；砂轮在工件边缘越出砂轮宽度的 1/2 距离时应立即换向，不能在砂轮全部越出工件平面后换向，以避免产生塌角。

（5）批量生产时，毛坯工件的留磨余量须经过预测、分档、分组后再进行加工，这样可避免因工件的高度不一使砂轮吃刀量太大而碎裂。

（6）当遇到不容易取下的工件时，可用木棒、铜棒或扳手在合适的位置将工件扳松，然后取下工件，切不可直接用力将工件从台面上硬拉下来，以免拉毛工件表面与工作台面。

七、垂直面磨削

垂直面是指两表面成 90° 的平面。工件在装夹时要保证相邻两平面的垂直度要求。

1. 用精密平口钳装夹磨削垂直平面

1）精密平口钳的结构

精密平口钳主要由底座 5、固定钳口 1、活动钳口 2、传动螺杆 3、捏手 4 等组成，如图 5-21 所示。固定钳口与底座制成一体，其各个侧面与底面互相垂直，钳口的夹紧面也与底面、侧面垂直。活动钳口可在燕尾轨上前后移动，把工件夹紧在钳口中。

2）用精密平口钳装夹磨削垂直平面

将工件装夹在精密平口钳上，先磨好一个面，再将平口钳翻转 90° 磨另一个平面，如图 5-22 所示。

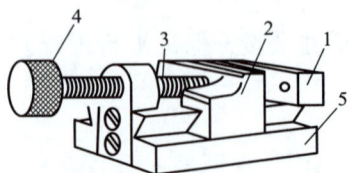

图 5-21　精密平口钳
1—固定钳口；2—活动钳口；3—螺杆；
4—捏手；5—底座

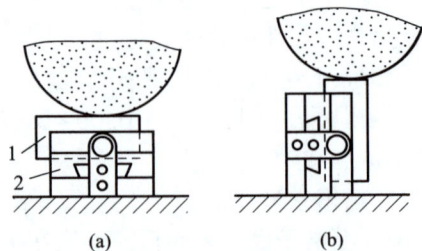

图 5-22　用精密平口钳装夹磨削垂直平面
1—工件；—平口钳

2. 用精密角铁装夹磨削垂直平面

1）精密角铁的结构

精密角铁是由两个相互垂直的工作平面组成，它们之间的垂直偏差一般在 0.005 mm 之内。角铁的工作平面上有若干大小、形状不同的通孔或槽，以便于装夹工件，如图 5-23 所示。

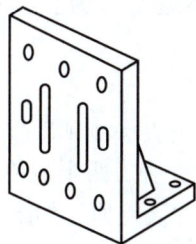

2）用精密角铁装夹磨削垂直平面

工件以精加工过的定位基准面贴紧在角铁的垂直面上，用百分表找正后，用压板螺钉夹紧，然后进行磨削，如图 5-24 所示。

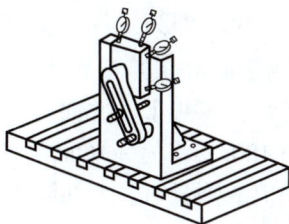

图 5-23　精密角铁　　　　图 5-24　用精密角铁装夹并找正工件

3. 用精密 V 形块装夹磨削垂直平面

磨削圆柱形工件端面，可用精密 V 形块装夹。此法可保证端面对圆柱轴线的垂直度公差，适用于加工较大的圆柱端面工件，如图 5-25 所示。

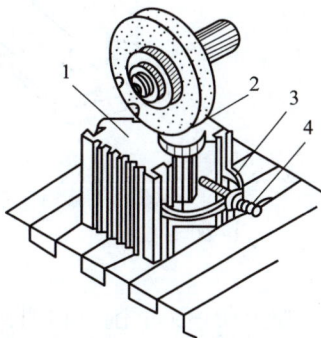

八、垂直面工件的精度检验

1. 用 90°角尺测量垂直度

测量小型工件的垂直度时，可直接把 90°角尺两个尺边接触工件的垂直平面。测量时，先使一个尺边贴紧工件一个平面，然后移动 90°角尺，使另一尺边逐渐靠近工件的另一平面，根据透光情况判断垂直度，如图 5-26 所示。

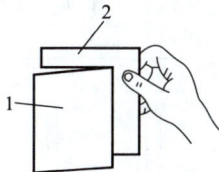

当工件尺寸较大或重量较重时，可以把工件与 90°角尺放在平板上测量。90°角尺垂直放置，与平板垂直的尺边向工件的垂直平面靠近，根据角尺与工件平面的透光情况判断垂直度，如图 5-27 所示。

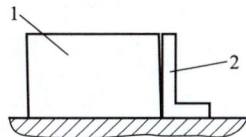

图 5-25　用精密 V 形
块装夹磨削垂直面

1—V 形铁；2—工件；
3—弓架；4—螺钉

图 5-26　用 90°角尺检验工件垂直度

1—工件；2—90°角尺

图 5-27　在平板上检验工件垂直度

1—工件；2—90°角尺

2. 用 90°圆柱角尺与塞尺测量垂直度

1）90°圆柱角尺的结构与精度要求

90°圆柱角尺是表面光滑的圆柱体，圆柱体直径与长度之比一般为 1∶4；圆柱体的两端平面内凹，使 90°圆柱角尺以约 10 mm 宽度的圆环面与平板接触，以提高 90°圆柱角尺的测量稳定性，如图 5-28 所示。

图 5-28　90°圆柱角尺

90°圆柱角尺的精度要求很高，表面粗糙度小于 $Ra0.1\ \mu m$，圆柱度误差小于 0.002 mm，与端面的垂直度误差小于 0.002 mm。

2）测量方法

把工件与 90°圆柱角尺放到平板上，使工件贴紧 90°圆柱角尺，观察透光位置和缝隙大小，选择合适的塞尺塞空隙，如图 5-29 所示。先选尺寸较小的塞尺塞进空隙内，然后逐步加大尺寸塞进空隙，直至塞尺塞不进空隙为止，则塞尺标注尺寸即为工件的垂直度误差值。

3. 用百分表及测量圆柱棒测量垂直度

测量时，将工件放到平板上，并向圆柱棒靠平，百分表表头测到工件最高点；读出数值后，工件转向 180°，将另一平面靠平圆柱棒，读出数值。两个数值差的 1/2 即为工件的垂直度误差值。测量时，要扣除工件本身平行度的误差值，如图 5-30 所示。

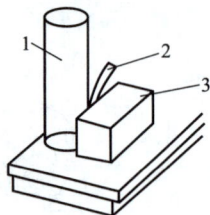

图 5-29　用 90°圆柱角尺与
塞尺测量垂直度
1—90°圆柱角尺；2—塞尺；3—工件

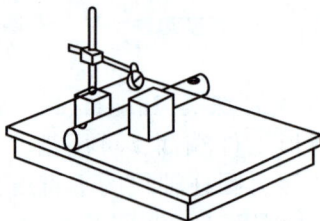

图 5-30　用百分表及
测量圆柱棒测量垂直度

综上所述，磨削平口钳钳体的实施步骤见表 5-1。

表 5-1　磨削平口钳钳体实施步骤

任务实施步骤	任务准备	实施要求
1	修整砂轮圆周	
2	修整砂轮端面	

任务实施步骤	任务准备	实施要求
3	磨削零件底面	
4	磨削零件上表面	
5	磨削零件侧面	
6	磨削零件上台阶面	

总结与评价

磨削平面任务实施工作总结 5-4

项目实施总结	
小组成员	完成日期

磨削平面任务评价 5-4

序号	评价项目	项目要求	分值	得分	总评
1	磨削工艺	平行平面磨削的方法	25		A□ （86~100）
2		垂直平面磨削的方法	25		B□ （76~85）
3		台阶平面磨削的方法	25		C□ （60~75）
4		合理装夹磨削零件	25		D□ （60 以下）

项目六　激光雕刻

机械加工是生产力，是经济发展的排头兵，机械生产加工知识是推动生产力发展的强大动力，是生产力水平和社会发展的重要标识。现代高科技激光在机械加工中应用后，使机械生产加工向高科技方向快速发展。激光加工技术是以数控技术为基础，以激光为加工媒介，使加工材料在激光照射下瞬间产生熔化和气化的物理变形，以达到加工目的。

任务要求

（1）了解激光发展史。

（2）掌握激光的加工过程及加工方法。

（3）学会检验激光加工工件的质量。

（4）学会选择加工参数。

激光雕刻工作任务书 6-1

项目六　激光雕刻	**任务目标**
1. 了解激光的发展史 2. 掌握激光的加工过程及加工方法 3. 学会检验激光加工工件的质量 4. 学会选择加工参数	1. 会激光的加工过程及加工方法 2. 会检查激光加工工件的质量 3. 会选择加工参数 4. 养成乐于助人、学习奉献的精神及社会责任感

工作任务：

本项目的任务是掌握激光的加工过程、加工方法及激光的参数设置。

以工作小组（6人/组）为单位完成该工作过程。

提交材料：

1. 激光雕刻工作任务资讯工作单

2. 激光雕刻任务计划工作单

3. 激光雕刻任务实施工作单

4. 激光雕刻任务总结

任务完成时间	1 h

激光雕刻工作任务资讯工作单 6-1

资讯内容	
资讯记录	
小组成员	完成日期

激光雕刻任务计划工作单 6-1

计划内容	
计划项目	
小组成员	完成日期

激光雕刻任务实施工作单 6-1

实施内容	
项目实施记录	
小组成员	完成日期

学习笔记

知识链接

一、激光加工发展

激光是一种现代化高新技术，是推动社会经济快速发展的力量源泉，激光在机械生产加工行业中的应用代表了先进生产力和现代化社会发展的状态，所以激光在机械生产加工行业中的应用意义重大。

激光高新技术起源于美国。20 世纪 60 年代初，美国最先发明第一台红宝石激光器，紧接着中国在 1961 年 9 月也制成了激光器。激光器主要应用于国防高新科技产品上，用于可控核聚变和机械生产加工等方面。

我国在国防科技和可控核聚变两个方面的激光应用一直处于世界领先地位，在 2008 年初我国成功研制出用激光击毁太空垃圾技术，引起世界震惊，维护了国家安全，使我国国防事业进入了高科技时代，赶超了世界先进水平。我国还在可控核聚变科研中成功地研制出"环流二号"，也处于世界先进水平。当时我国激光技术只有在机械生产加工方面没有广泛应用，处于低水平。

在 20 世纪 70 年代，美国率先把激光技术应用在机械生产加工中，并在全世界广泛推广应用，由于我国激光在工业机械生产加工领域应用基础差，与世界先进国家对比尚存在一定差距，不利于我国社会经济的发展，致使我国落后于世界先进水平。我国自改革开放以后开始重视激光在机械生产加工行业中的应用，国务院强调激光在制造业的应用，并纳入国家发展规划中，把激光应用列为国家重点科技项目，从而推动了其快速发展，使激光切割加工设备在我国机械生产加工中以 20% ~ 30%的速度快速增长，并迅速扩大应用范围，使我国国民经济向赶超世界先进水平的方向迈进。我国激光在机械生产加工行业中，主要在切割、打标、激光焊接、激光淬火、激光焊覆、激光打孔六个方面进行应用。

二、激光雕刻类型

1. 激光雕刻机

激光雕刻机是目前从事加工和生产非常普遍的一种机械设备，大量地应用于人们日常生活相关的产品中，如衣服、鞋子、帽子、箱包、玩具、商标、工艺品等行业。激光雕刻机的功能主要是雕刻和切割，它的工作原理一般人不是很了解，其实激光雕刻机的工作过程非常简单，如同使用电脑和打印机在纸张上打印，通常可以在 Win98/Win2000/WinXP 环境下利用多种图形处理软件，如 CorelDraw 等进行设计，扫描的图形、矢量化的图文及多种 CAD 文件都可轻松地"打印"到雕刻机中。唯一的不同之处是，打印是将墨粉涂到纸张上，而激光雕刻是将激光射到木制品、亚克粒、塑料板、金属板、石材等几乎所有的材料之上。

2. 点阵雕刻

点阵雕刻酷似高清晰度的点阵打印，激光头左右摆动，每次雕刻出由一系列点组成的一条线，然后激光头同时上下移动雕刻出多条线，最后构成整版的图像或文字。扫描的图形、文字及矢量化图文都可使用点阵雕刻。

3. 矢量切割

矢量切割与点阵雕刻不同，其是在图文的外轮廓线上进行的。我们通常使用此模式在木材、亚克力板、纸张等材料上进行穿透切割，也可在多种材料表面进行打标操作。

三、激光雕刻参数

1. 雕刻速度

雕刻速度指的是激光头移动的速度，通常用 IPS（in/s）表示，高速度带来了高的生产效率。速度也可用于控制切割的深度，对于特定的激光强度，速度越慢，切割或雕刻的深度就越大。通常可利用雕刻机面板调节速度，也可利用计算机的打印驱动程序来调节。在 1%～100% 的范围内，调整幅度是 1%。雕刻机先进的运动控制系统可以在高速雕刻时仍然得到超精细的雕刻质量。

2. 雕刻强度

雕刻强度指射到材料表面激光的强度。对于特定的雕刻速度，强度越大，切割或雕刻的深度就越大。通常可利用雕刻机面板调节强度，也可利用计算机的打印驱动程序来调节。在 1%～100% 的范围内，调整幅度是 1%。强度越大，相当于速度也越大，切割的深度也越深。

3. 光斑大小

激光束光斑大小可利用不同焦距的透镜进行调节。小光斑的透镜用于高分辨率的雕刻，大光斑的透镜用于较低分辨率的雕刻，但对于矢量切割，它是最佳的选择。新设备的标准配置是 2.0 in 的透镜，其光斑大小处于中间，适用于各种场合。

4. 可雕刻材料

可采用激光雕刻机雕刻的材料主要包括木制品、有机玻璃、金属板、玻璃、石材、水晶、可丽耐、纸张、双色板、氧化铝、皮革、树脂、喷塑金属。

四、认识激光雕刻机

1. 激光雕刻机的结构

激光雕刻机的结构如图 6-1 所示，各主要部分的功能与作用见表 6-1。

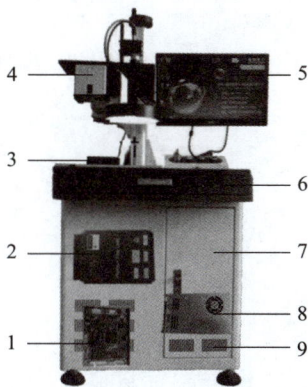

图 6-1　激光雕刻机的结构

1—控制卡；2—激光发生器；3—加工机；4—光路系统；5—显示器；6—鼠标、键盘；
7—控制系统；8—24 V 电源；9—通风孔

表 6-1　激光雕刻机各主要部分的功能与作用

序号	名　称	作　用
1	激光发生器	整个激光雕刻系统的核心部分，目前最为常用的是二氧化碳激光器。不同的加工方式需不同的运行功率
2	光路系统	激光器和加工机的连接点，这个系统控制着光束的反射、折射、分散、聚焦以及传输。光束经反射后再由透镜聚焦，最终到达加工物的表面
3	加工机	承受加工物品的部分，加工的过程主要是加工物件和激光束的相对运动，因此运动时的可调节精度决定加工的精度
4	控制系统	激光雕刻机的大脑，用于读取加工数据，控制各部件的协调工作
5	辅助设备	拓展激光雕刻的功能，例如利用水泵提供冷却水来稳定激光管的温度，或利用一些输气系统为激光头提供一些助燃的气体等

2. 激光雕刻机的工作流程

激光雕刻机的工作流程如图 6-2 所示。

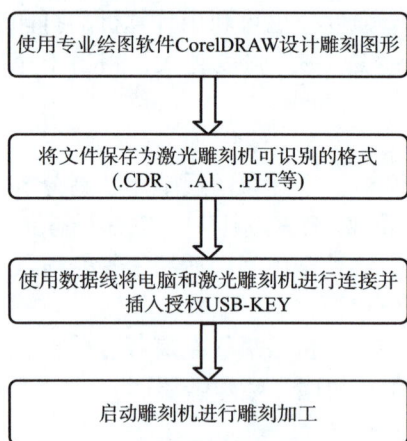

使用专业绘图软件CorelDRAW设计雕刻图形

↓

将文件保存为激光雕刻机可识别的格式
（.CDR、.AI、.PLT等）

↓

使用数据线将电脑和激光雕刻机进行连接并插入授权USB-KEY

↓

启动雕刻机进行雕刻加工

图 6-2　激光雕刻机的工作流程

激光雕刻机进行点阵雕刻的工作流程如下：

（1）导入设计：将需要雕刻的图案或文字导入到激光雕刻软件中。

（2）调整参数：根据材料和效果需求，调整激光功率、速度、频率等参数。

（3）预览效果：在软件中预览调整后的图案或文字效果。

（4）开始雕刻：确认预览效果满意后，开始激光雕刻过程。激光头会按照设计好的点阵模式移动，对材料进行雕刻。

（5）完成操作：雕刻完成后，关闭激光雕刻机，取出已雕刻的材料，并进行后处理或清洁。需要注意的是，操作激光雕刻机时应遵守安全规定，避免激光束直接照射眼睛或其他危险行为。

扫描的图形、文字及矢量化图文都可使用点阵雕刻，其可完成的加工作品如图 6-3 所示。

图 6-3　点阵雕刻

3. 激光雕刻机测试流程

激光蕴含着巨大的能量，只有对其进行合理的控制才可以为我们所用，加工出我们需要的产品。因此，在使用激光雕刻机时，要根据加工材料和加工目的选择合适的工作功率。激光雕刻机的测试流程如图6-4所示。

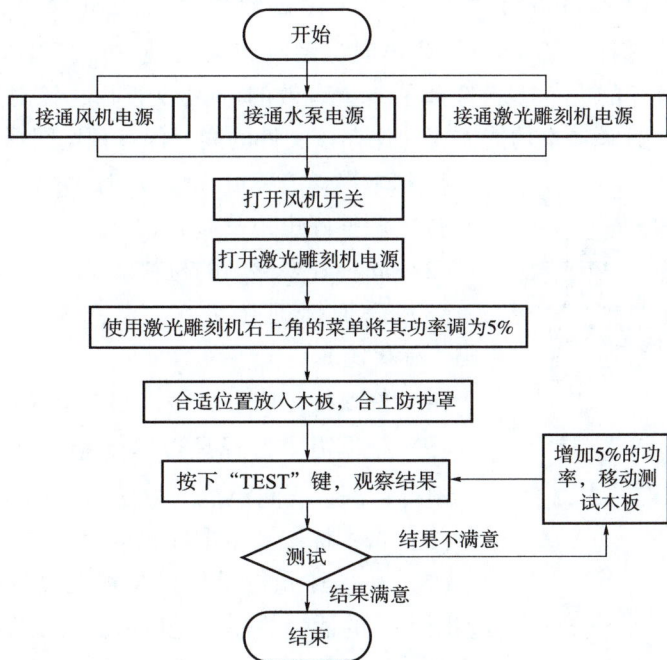

图6-4　激光雕刻机的测试流程

4. 激光雕刻机安全守则

（1）激光为不可见光，对身体有害。在雕刻工作过程中，严禁师生将身体的各部分伸入光路，以免烧伤。

（2）雕刻机内存在高压，严禁在过于潮湿的环境中使用，以免引起高压打火。

（3）激光加工可能产生高温和明火，加工时严禁离开机器，以避免燃烧而导致事故的发生。

（4）严禁手或其他物件接触镜片，以免导致镜片镀膜的损坏。

（5）使用后保持设备内外清洁，去除雕刻残余物，用机油擦拭导轨等易生锈的零部件。镜片清洁只能用脱脂棉蘸无水乙醇轻轻擦拭。

四、激光打标加工基本操作

1. 新建

"新建"子菜单用于新建一个空白工作空间以供作图，其快捷键为［Ctrl］+［N］。选择"新建"子菜单时，软件将会关闭当前正在编辑的文件，同时建立一个新的文件。如果当前正在编辑的文件没有被保存，则软件会提示是否保存该文件。"新建"子菜单对应的工具栏图标为🖼，单击该图标可以实现同样的操作。

2. 保存、另存为

"保存"🖼子菜单以当前的文件名保存正在绘制的图形，"另存为"子菜单用来将当前绘制的图形保存为另外一个文件名，两者都可实现保存文件的功能。

注：在不连接板卡的情况下，仅能编辑，不能保存。

3. 打开

"打开" 🗁 子菜单用于打开一个保存在硬盘上的 .ezd 文件，其快捷键为 ［Ctrl］+［O］。当选择"打开"子菜单时，系统将会出现一个打开文件的对话框，要求选择需要打开的文件。当选择了一个有效的 .ezd 文件后，该对话框下方将显示该文件的预览图形（本功能需要在保存该文件的同时保存预览图形）。

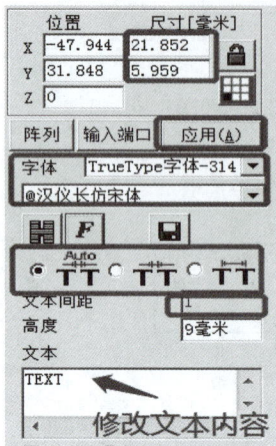

图 6-5 基本操作流程

4. 基本操作流程（见图 6-5）

（1）调整好焦距及参数。

（2）固定好要标刻的材料。

（3）添加标记（文本、点、线条、图案、图形、条码、标尺等）。

（4）修改标记内容、字体和大小等。

（5）根据需求选择是否填充 🔳。填充的线间距越小，刻得越深。线间距范围为 0.01～0.09 mm。

（6）选中标记，单击红光指示。

（7）观察红光指示位置是否在要打标的位置：位置差距太大的话，关掉红光指示，用鼠标拖曳标记到指定位置；位置差距不大的话，在红光指示状态下，按键盘上的 ✛ 方向键，进行微移。

（8）确认位置没问题后，关掉红光指示，单击标刻。

（9）根据标刻效果，对功率及速度进行调整，速度越慢刻得越深（速度最大不超过 5 000），功率越大刻得越深（功率最大不超过 100）。

1）文本标刻

（1）固定文本标刻。

① 在绘制菜单中选择"文字"命令或者单击 图标，在网格内按下鼠标左键即可创建文本标记，默认的是空心字体 TEXT。

② 单击"填充"图标 🔳，对文本进行填充，填充后显示为黑色实心字体 **TEXT**，根据需求选择是否填充。

③ 修改文本内容及字体（不同字体的文字排列方式、粗细、倾斜度不一样，可自行选择），此项修改完成后单击"应用"按钮。

④ 修改文本标记的尺寸，此项修改完成后单击"应用"按钮。

⑤ 更多字体设置，请单击 $\boxed{F}$。

⑥ 文本间距设置 ，一般选默认 ，根据需求可以自行修改，此项修改完成单击"应用"按钮。

⑦ 旋转：按键盘上的 ［Ctrl］+［T］，调出"变换"选项，单击其中的 ，可以输入角度旋转，也可按住键盘上 ［Ctrl］+ ✛ 方向键进行旋转。

⑧ 镜像：按键盘上的 ［Ctrl］+［T］键，调出"变换"选项，单击其中的

，可以进行水平镜像或纵向镜像。

（2）扇形文本标刻。

① 添加文本标记。

② 修改文本内容，此项修改完成后单击"应用"按钮。

③ 根据需求选择合适的字体，此项修改完成后单击"应用"按钮。

④ 根据需求修改合适的字体大小。

⑤ 根据需求选择是否填充。

⑥ 单击 ，将其中的 项打上钩，设置扇形文本角度等参数。如图6-6所示。

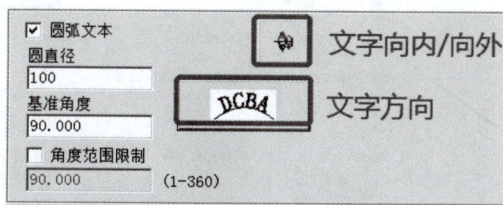

图6-6　扇形文本标刻

2）位图标刻（照片等）

（1）在文件菜单中单击输入位图文件，或单击 插入位图文件。

（2）弹出如图6-7所示对话框。

（3）在里边找到准备好的 jpg 等本软件支持的文件。

（4）单击 按钮。

（5）设置位图文件尺寸，此项设置好后单击"应用"按钮。

（6）选中位图文件，对位图文件格式进行设置。

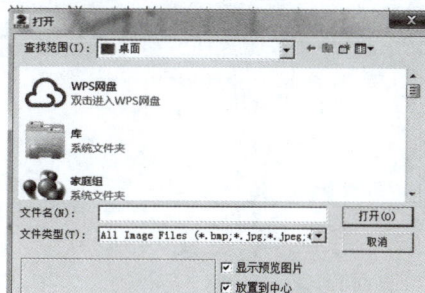

图6-7　打开文件

（7）设置固定 DPI，一般为 420 左右。DPI 是指每英寸多少个点，1 in 等于 25.4 mm。DPI 里面设置的数值越高，打标出来的照片效果就越好，但是相对时间也会慢，所以这里常用设置数值为300~600。

（8）网点：类似 Photoshop 中的"半调图案"功能，使用黑白二色图像模拟灰度图像，用黑白两色通过调整点的疏密程度来模拟出不同的灰度效果。

（9）打点模式设置。设置加工位图的每个像素点激光照射时间为 0.31 ms。

（10）根据刻印需求可以选择是否反转。

（11）灰度设置，可改善加工位图每个像素点激光刻印的清晰度，灰度选项后的扩展可以自行调整发亮处理、对比度等，以提高刻印清晰度。

（12）调整点功率，在点功率后边的扩展项中可以调整不同灰度点的功率大小，以提高刻印清晰度。

3）打标操作

（1）排版，如图6-8所示。

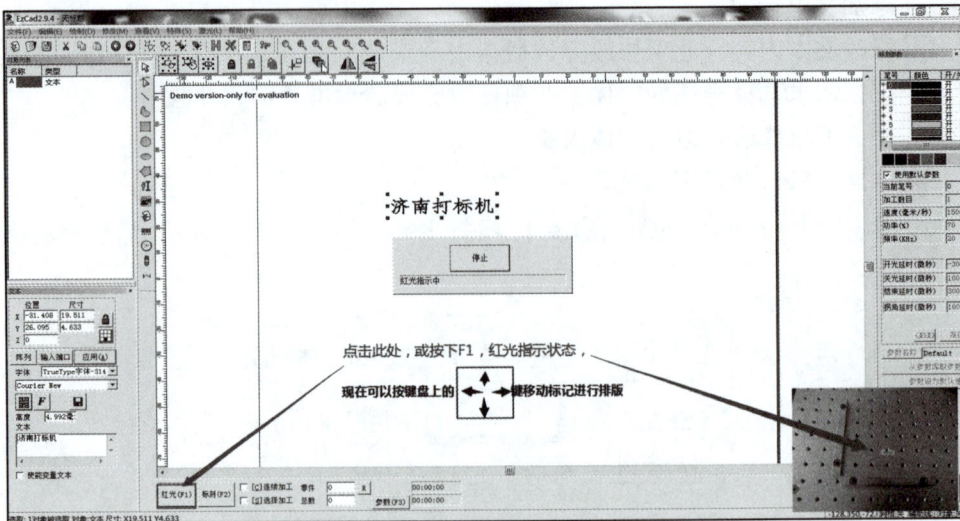

图6-8　排版

（2）文本标刻，如图6-9所示。

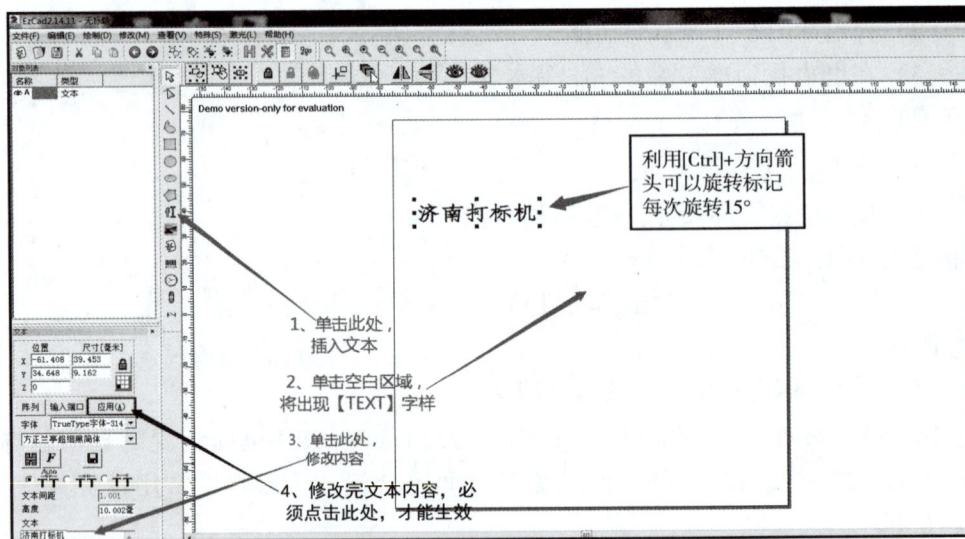

图6-9　文本标刻

（3）填充，如图6-10所示。

（4）文本旋转（此功能适用于各类标记），如图6-11所示。

（5）放置到原点（即快速回零点），如图6-12所示。

（6）基本图形边框的填充，如图6-13所示。

（7）以阵列功能对目标线条进行加粗，如图6-14所示。

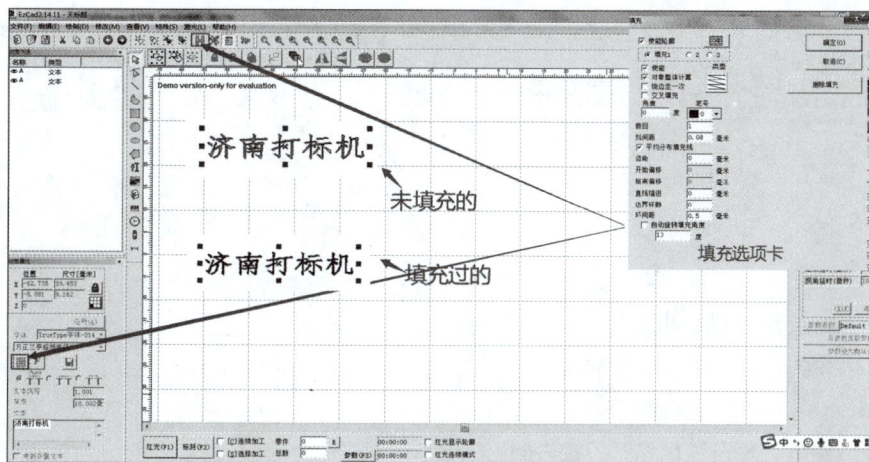

图 6-10　填充

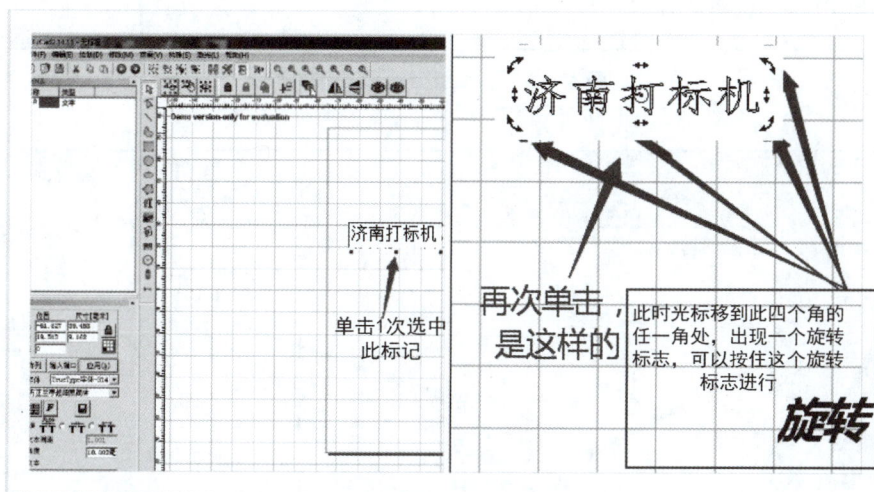

图 6-11　文本旋转

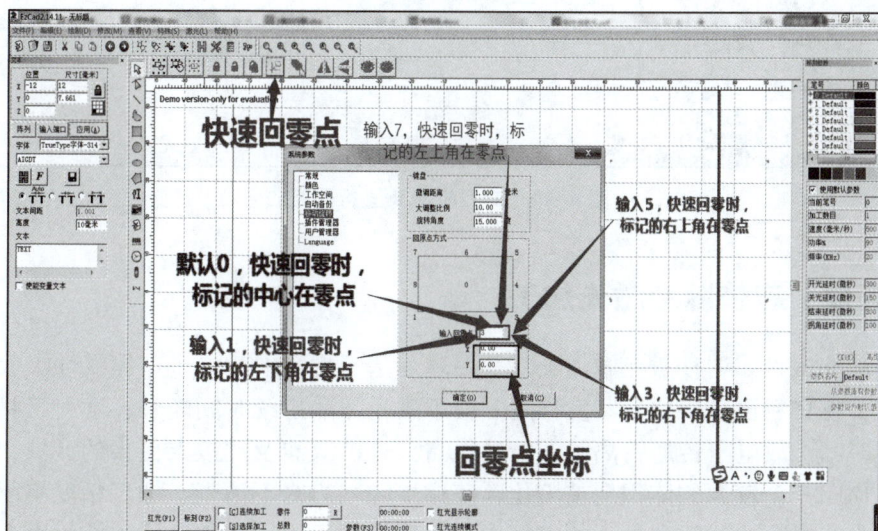

图 6-12　放置到原点

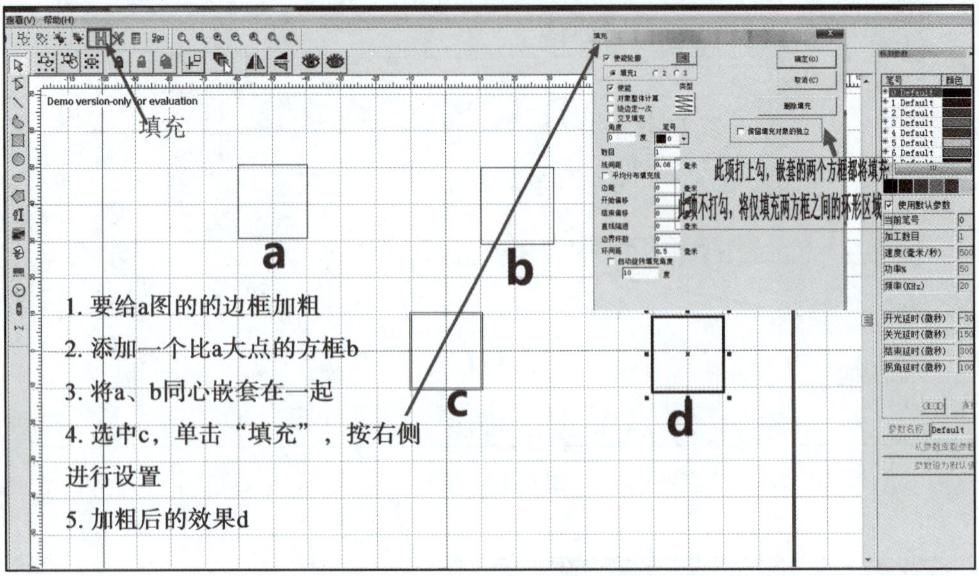

图 6-13　基本图形边框的填充

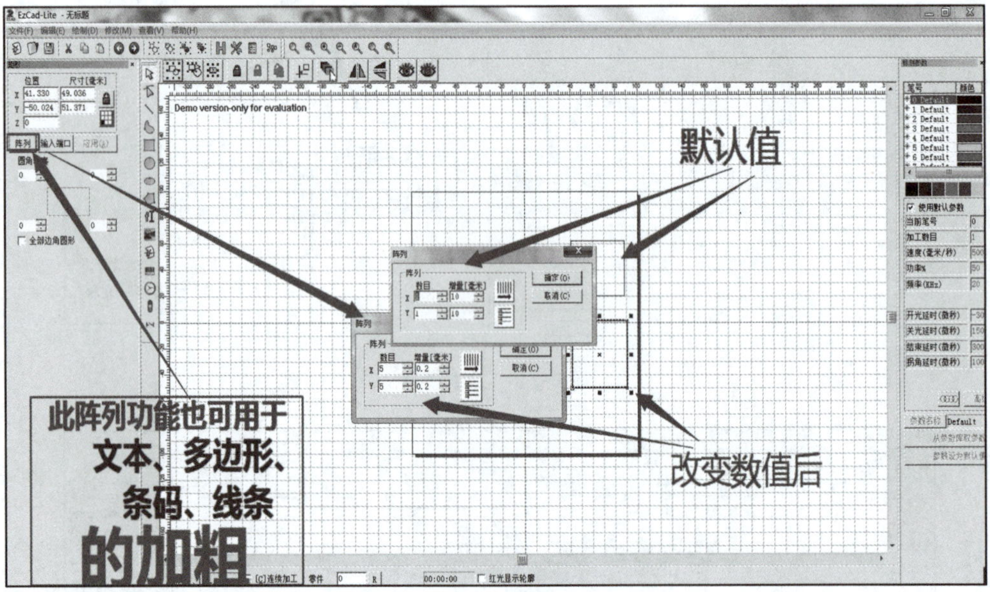

图 6-14　对目标线条进行加粗

知识拓展：超快脉冲激光加工

　　长脉冲激光如纳秒激光微加工，其原理是基于材料中的电子共振线性吸收获得的能量，将材料逐步熔化、蒸发移除。由于激光脉冲持续时间较长，远大于材料热扩散的时间，故电子传递给离子的能量很高，热扩散涉及比焦点更大的区域，激光聚焦点周围一个较大的体积会被熔化，使加工区域边缘不清晰，加工精度有限。而超快激光在极短的时间和极小的空间内与物质相互作用，作用区域内的温度在瞬间内急剧上升，并以等离子体向外喷发的形式得到去除，严格避免了热融化的存在，大大减弱和消除了传统加工中热效应带来的诸多负面影响；超快激光微加工和材料相互作用的时间很短，使能量以等离子体的形式被迅速带走，热量来不及在材料内部扩散，热影响区非常小，不会产生重铸层，属于冷加工，呈现锐利的加工边缘，加工精度高。

长脉冲激光（纳秒激光）和窄脉冲激光（皮秒、飞秒激光）加工效果对比如图6-15所示。

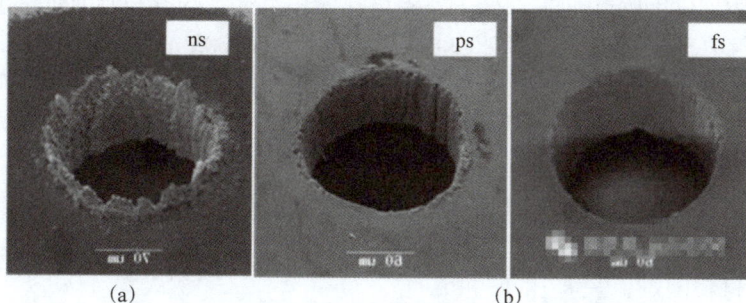

图6-15 长脉冲激光（纳秒激光）和窄脉冲激光（皮秒、飞秒激光）加工效果对比
(a) 长脉冲激光；(b) 窄脉冲激光

以金属对激光脉冲的吸收为例，其从根本上说是能量从激光脉冲转移到金属材料的电子的一个能量转移过程。对于持续时间为纳秒级的脉冲而言，电子与所处晶格之间会发生一个温度平衡过程，并且最终开始熔化材料，直到部分蒸发。在这个过程中，脉冲越短，能量转移到电子的速度越快。在理想条件下，如果脉冲足够短，那么在电子与晶格之间便没有足够的时间产生温度平衡。接下来，"热电子"（相对于冷晶格而言）与晶格的作用方式：在一个特征时间后，来自电子的热量开始向周围的晶格扩散，这种电子—声子弛豫时间是物质的一种属性，其典型值为1~10 ps。在大致相同的时间内，但凡有些延迟，即在热电子和晶格之间发生突然的能量转移，从而导致相位爆炸，即激活体的蒸发。

从上述解释可以得出以下两个基本结论：

（1）激光脉冲的持续时间必须足够短，以防止电子与晶格之间发生温度平衡过程。对于金属和大多数其他材料而言，均要求脉冲持续时间为1~10 ps甚至更短。

（2）由于在热扩散和消融之间有一个时间延迟，因此始终会存在残余热量，即使是在脉冲最短的情况下。因此，冷加工必须定义为在最小的热扩散情况下进行加工，这要求脉冲持续时间为1~10 ps甚至更短。虽然超短激光脉冲较短的持续时间是冷加工的一个必要条件，但是光有足够短的脉冲还远远不够。如果热电子因为过高的激光能量密度而被"过度加热"，那么热扩散效应将较为明显，整个加工过程则会转变为热过程。一般来讲，大约 1 J/cm^2 的能量密度，是飞秒激光脉冲进行消融加工，而不会产生能够测量得到的热效应的最佳能量临界点，可避免产生高热扩散，具有更佳的低热穿透深度，因此飞秒的效果更好。

为了追求柴油机更佳的燃烧性能，使车用柴油机满足日益严格的排放法规的要求，同时尽可能地降低柴油机的油耗，电控高压共轨技术是柴油机燃油系统发展的必然趋势。

随着共轨技术的应用与发展，喷油压力要求越来越高，对喷油嘴的要求也越来越苛刻，喷油嘴喷孔要求越来越小，喷孔数要求越来越多，而喷孔孔径向更小孔径方向发展。其加工质量将直接影响喷油嘴的雾化特性、油线贯穿度及流量系数，最终影响柴油机的经济性、动力性和排放指标。

国内用于喷油嘴喷孔的加工方法主要有三种：在变频或风动高速台钻上采用手工钻削喷孔；采用数控三轴钻床钻削喷孔；采用电火花喷孔机床加工喷孔。另外，为了达到喷孔的流量一致性，用于喷孔后续加工的还有喷孔挤压研磨工艺和电解压力室去喷孔毛刺工艺。

目前，国内外的喷孔加工方法主要停留在采用电火花喷孔机床加工，但此种加工方式对电极丝有极高的要求（要求：电极丝圆柱度<0.005 mm、圆度<0.003 mm、直径≥0.05 mm），机床能加工电极丝的最小加工孔径为 0.07 mm。在喷油嘴喷孔加工领域，对于孔径<0.1 mm 的微孔加工还未被广泛应用，在实际应用中，对于高品质的微孔加工，传统的方法具有一定的局限性。

常见的微孔加工方法中电子束加工和聚焦离子束使用条件苛刻、效率低、设备昂贵；电火花腐蚀只能加工导电材料；电化学打孔效率低，材料有局限；机械钻孔加工较硬的材料困难，长径比小。

与传统的加工方法相比，超快激光微孔加工具有材料适应性广、非接触、无污染、精度高、效率高等优点。超快激光可以将其能量全部、快速、准确地集中在限定的作用区域，实现对玻璃、陶瓷、半导体、塑料、聚合物和树脂等材料的微纳尺寸加工。

超快激光精密加工技术具有很多传统加工方法无法比拟的优点：

（1）极高的峰值功率，极短的作用时间，对材料无选择性，可加工金属、非金属材料。

（2）热影响区域极小，甚至可忽略，切面整齐，无重铸层。

（3）无裂纹和冶金缺陷。

（4）钻孔角度可自由调节（锥形、倒锥形或垂直）。

（5）最小加工孔径可达 30 μm，最大径深比可达 1:20，突破光学衍射极限。

（6）可实现异形孔的加工。

超快（皮秒、飞秒）激光微加工技术作为一种极具潜力的新型材料精细加工手段，目前已经应用于汽油机、船舶发动机喷油嘴喷孔的加工制造。其独特的冷加工、高精度、高效率为柴油机、油泵油嘴行业带来了全新的加工思路。通过工艺试验可以看出，超快激光加工喷油嘴喷孔的精度能够达到产品的要求，其大批量生产的关键是要做好喷油嘴压力室的侧壁保护，超快激光对喷孔新型加工装备的选择提供了指导意义。

激光标刻实施步骤见表 6-2。

表 6-2 激光标刻实施步骤

任务实施	任务准备	实施要求	加工要素
	认识激光操作界面		1. 图形化的操作界面。 2. 可调用多种格式的图形文件。 3. 多种中英文字体。 4. 直接进行系列号及条形码编辑。 5. 全面的激光参数数据库。 6. 方便的启停控制功能

学习笔记

任务实施	任务准备	实施要求	加工要素
1	排版		1. 调整好焦距及参数。 2. 固定好要标刻的材料。 3. 添加标记（文本、点、线条、图案、图形、条码、标尺等）。 4. 修改标记内容、字体和大小等。 5. 根据需求选择是否填充 ▦，填充的线间距越小，刻得越深，线间距为 0.01~0.09 mm。选中标记，单击红光指示。 6. 观察红光指示位置是否在要打标的位置：位置差距太大的话，关掉红光指示，用鼠标拖曳标记到指定位置；位置差距不大的话，在红光指示状态下，按键盘上的 ↔↕ 方向键进行微移
2	文本编辑		1. 在绘制菜单中选择"文字"命令或者单击 图标，在网格内按下鼠标左键即可创建文本标记，默认的是空心字体 TEXT。 2. 单击填充图标 ▦，对文本进行填充，填充后显示为黑色实心字体 TEXT，根据需求选择是否填充。 3. 修改文本内容及字体（不同字体的文字排列方式、粗细、倾斜度不一样，可自行选择），此项修改完成后单击"应用"按钮。 4. 修改文本标记的尺寸，此项修改完成后单击"应用"按钮
3	图案编辑		1. 在文件菜单单击输入位图文件，或单击 插入位图文件。 2. 弹出"打开"对话框。 3. 在里边找到准备好的 jpg 等本软件支持的文件。 4. 单击 打开(O) 按钮。 5. 设置位图文件尺寸，此项设置好后单击"应用"按钮。 6. 选中位图文件，对位图文件格式进行设置。 7. 调整点功率，在点功率后边的扩展项中可以调整不同灰度点的功率大小，以提高刻印清晰度

任务实施	任务准备	实施要求	加工要素
4	雕刻		1. 单击"红光"按钮，确定零件位置及雕刻范围。 2. 单击"标刻"按钮，雕刻图形及文字

总结与评价

激光雕刻任务实施工作总结

项目实施总结	
小组成员	完成日期

[任务检查与评价]

激光雕刻操作任务评价 6-1

序号	评价项目	项目要求	分值	得分	总评
1		文字图形操作	30		A□（86~100）
2	激光操作	参数设置操作	30		B□（76~85） C□（60~75）
3		安全操作	40		D□（60 以下）

项目七　钳　工

钳工的工作主要是手持工具对夹紧在钳工工作台虎钳上的工件进行切削加工，它是机械制造中的重要工种之一。钳工的基本操作可分为以下几种：

（1）辅助性操作：即划线，它是根据图样在毛坯或半成品工件上划出加工界线的操作。

（2）切削性操作：有錾削、锯削、锉削、攻螺纹、套螺纹、钻（扩、铰）削、刮削和研磨等多种操作。

（3）装配性操作：即装配，将零件或部件按图样技术要求组装成机器的工艺过程。

（4）维修性操作：即维修，对在役机械、设备进行维修、检查和修理的操作。

任务一　认识钳工

任务要求

（1）掌握钳工基础知识。

（2）掌握划线基本操作。

（3）掌握钻孔基本操作。

（4）掌握攻丝基本操作。

认识钳工工作任务书 7-1

项目七　钳工	任务目标
任务一　认识钳工 1. 掌握钳工基础知识 2. 掌握划线基本操作 3. 掌握钻孔基本操作 4. 掌握攻丝基本操作	1. 掌握划线基本操作 2. 掌握钻孔基本操作 3. 掌握攻丝基本操作 4. 养成乐于助人、学习奉献精神，增强社会责任感
工作任务 本项目的任务是掌握钳工的基本知识及基本操作。 以工作小组（6 人/组）为单位完成该工作过程。 **提交材料** 1. 认识钳工工作任务资讯工作单 2. 认识钳工任务计划工作单 3. 认识钳工任务实施工作单 4. 认识钳工任务总结	
任务完成时间	1 h

认识钳工工作任务资讯工作单 7-1

资讯内容	
资讯记录	
小组成员	完成日期

认识钳工任务计划工作单 7-1

计划内容	
计划项目	
小组成员	完成日期

认识钳工任务实施工作单 7-1

实施内容	
项目实施记录	
小组成员	完成日期

一、钳工工作的范围及在机械制造与维修中的作用

1. 普通钳工工作范围

（1）加工前的准备工作，如清理毛坯、毛坯或半成品工件上的划线等。

（2）单件零件的修配性加工。

（3）零件装配时的钻、铰、攻螺纹和套螺纹等。

（4）加工精密零件，如刮削或研磨机器、量具和工具的配合面、夹具与模具的精加工等。

（5）零件装配时的配合修整。

（6）机器的组装、试车、调整和维修等。

2. 钳工在机械制造和维修中的作用

钳工是一种比较复杂、细微、工艺要求较高的工作。目前虽然有各种先进的加工方法，但钳工所用工具简单，加工多样灵活，操作方便，适应面广等，故有很多工作仍需要由钳工来完成。因此钳工在机械制造及机械维修中有着特殊的、不可取代的作用。但钳工操作的劳动强度大、生产效率低、对工人技术水平要求较高。

二、划线

1. 划线的作用

（1）确定工件的加工余量，使机械加工有明确的尺寸界线。

（2）便于复杂工件在机床上安装，可以按划线找正定位。

（3）在板料上按划线下料，可以正确排料，合理使用材料。

（4）通过划线能及时地发现和处理不合格毛坯，避免加工后造成损失。

（5）采用借料划线可以使误差不大的毛坯得到补救，加工后零件仍能达到要求，这样可提高毛坯的利用率。

2. 划线的要求

划线除要求划出的线条清晰均匀外，最重要的是保证尺寸准确。在立体划线中还应注意使长、宽、高三个方向的线条互相垂直。划线精度一般为 0.25 ~ 0.5 mm。

3. 划线的种类

划线分为平面划线和立体划线两种。平面划线是在工件或毛坯的一个平面上划线。

4. 划线工具

划线的工具很多，按用途分有以下几类：基准工具、量具、直接划线工具以及夹持工具等。

1）基准工具

划线平台是划线的主要基准工具，其安放时要平稳牢固，上平面要保持水平。平面的各处要均匀使用，不许碰撞或敲击其表面，要注意其表面的清洁。长期不用

时，应涂防锈油防锈，并盖保护罩。

2）量具

量具有钢尺、直角尺、游标卡尺和高度游标尺等。其中高度游标尺能直接测量出高度尺寸，其读数精度和游标卡尺一样，可作为精密划线量具，如钢直尺、角尺、角度尺等。

3）直接划线工具

直接划线工具有划针、划规、划卡、划针盘和样冲，如图7-1所示。

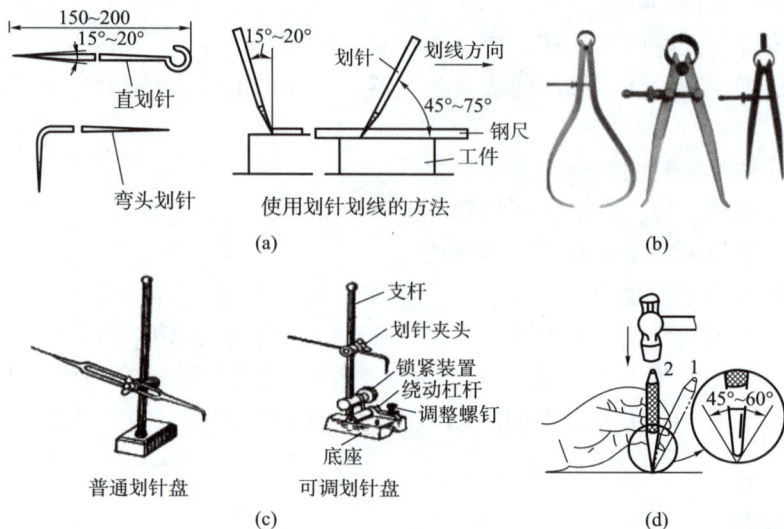

图 7-1　划线工具

（a）划针；（b）划规；（c）划针盘；（d）样冲

（1）划针是在工件表面划线的工具。其一般为工具钢或弹簧钢丝制成，尖端磨成 15°～20°的尖角，并经过热处理，硬度达 HRC55～60。

（2）划规是划圆或划弧线、等分线段及量取尺寸等操作所使用的工具，其用法与制图中的圆规相同。

（3）划卡也称为单脚划规，用来确定轴和孔的中心位置。其使用方法是，先以轴外圆上任意一点为圆心划出 4 条圆弧线，再在圆弧弦长中点作垂线，两条垂线交点就是圆心。

（4）划针盘主要用于立体划线和工件位置的校正。用划针盘划线时，应注意划针装夹要牢固，伸出不宜过长，以免抖动；底座要保持与划线平板紧贴，不能摇晃和跳动。

（5）样冲是在划好的线上冲眼用的工具，通常用工具钢制成，尖端磨成 60°左右，并经过热处理，硬度高达 55～60HRC。冲眼是为了强化显示用划针划出的加工界线；在划圆时，需先冲出圆心的样冲眼，利用样冲眼作圆心，才能划出圆线。样冲眼也可以作为钻孔前的定心。

三、钻孔

1. 钻床种类

钻床依其钻轴位置分为立式与卧式两种，亦依其工作钻轴数目而分为单轴式及多轴式两类，在一般工作场合用于钻孔的钻床多为单轴立式，常见者有立式、台式和旋臂钻床，如图7-2所示。

图7-2　钻床

1）台式钻床

台式钻床简称台钻，是一种小型立式钻床，最大钻孔直径为12~15 mm，安装在钳工台上使用，多为手动进钻，常用来加工小型工件的小孔等。

（1）简介。

台式钻床简称台钻，是一种体积小巧、操作简便，通常安装在专用工作台上使用的小型孔加工机床。台式钻床钻孔直径一般在13 mm以下，最大不超过16 mm；其主轴变速一般通过改变三角带在塔型带轮上的位置来实现，主轴进给靠手动操作。

（2）特点。

台式钻床主要在中小型零件钻孔、扩孔、绞孔、攻螺纹、刮平面等技工车间和机床修配车间中使用，与国内外同类型机床比较，具有马力小、刚度高、精度高、刚性好、操作方便、易于维护的特点。

（3）用途。

台钻主要适用于一般机械制造业，在单件、成批生产或维修工作中对小型零件进行钻孔加工。

2）立式钻床

（1）简介。

立式钻床工作台和主轴箱可以在立柱上垂直移动，用于加工中小型工件。立式钻床主轴竖直布置且中心位置固定的钻床，简称立钻，常用于机械制造和修配工厂加工中、小型工件的孔。

（2）特点。

加工前，须先调整工件在工作台上的位置，使被加工孔中心线对准刀具轴线；加工时，工件固定不动，主轴在套筒中旋转并与套筒一起做轴向进给。工作台和主轴箱可沿立柱导轨调整位置，以适应不同高度的工件。

① 可实现立、卧铣两种加工功能。

② 立式主轴套筒具有手动和微动两种进给。

③ 工作台导轨副超声频淬火后磨削。

④ 工作台分三种机动进给方式：A型为三向；C型为单向；D型为两向。

（3）用途。

立式钻床主要适用于机械制造和维修部门中的单件、小批生产，可对中、小型零件进行钻孔、扩孔、铰孔、锪孔及攻螺纹等加工，也适用于各种零件的钻孔、扩孔、铰孔、锪孔及攻螺纹等，在配备工艺装备的条件下也可镗孔。

3）摇臂钻床

（1）压摇臂钻的主要特点。

① 采用液压预选变速机构，可节省辅助时间。

② 主轴正反转、停车（制动）、变速、空挡等动作用一个手柄控制，操纵轻便。

③ 主轴箱、摇臂、内外柱采用液压驱动的菱形块夹紧机构，夹紧可靠。

④ 摇臂上导轨、主轴套筒及内外柱回转滚道等处均进行淬火处理，可延长使用寿命。

⑤ 主轴箱的移动除手动外，还能机动。

⑥ 有完善的安全保护装置和外柱防护及自动润滑装置。

（2）机械摇臂钻床主要特点。

① 双速电动机。

② 单手柄变速。

③ 联锁夹紧。

④ 机械、电气双重保险。

⑤ 开门断电，具有急停按钮。

4）深孔钻床

有别于传统的孔加工方式，依靠特定的钻削技术（如枪钻、BTA 钻、喷吸钻等），对长径比大于 10 的深孔孔系和精密浅孔进行钻削加工的专用机床统称为深孔钻床。用深孔钻钻削深度比直径大得多的孔（如枪管、炮筒和主轴等零件的深孔），一般为卧式布局，常备有冷却液输送装置及周期退刀排屑装置等。其代表着先进、高效的孔加工技术，且加工具有高精度、高效率和高一致性。

（1）特点。

① 通过一次走刀就可以获得精密的加工效果，加工出来的孔位置准确，尺寸精度好，直线度、同轴度高，并且有很小的表面粗糙度和较高的重复性。

② 能够方便地加工各种形式的深孔，对于各种特殊形式的深孔，比如交叉孔、斜孔、盲孔及平底盲孔等也能很好的加工。

③ 不但可用来加工大长径比的深孔（最大可达 300 倍），也可用来加工精密浅孔，其最小的钻削孔径可达 0.7 mm。

（2）适用范围：带深孔零件的深孔加工，深孔长径比一般为 5~10，特深孔长径比大于 20，个别可达 200。

2. 钻头种类

1）麻花钻

麻花钻是通过其相对固定轴线的旋转切削以钻削工件圆孔的工具，因其容屑槽成螺旋状而形似麻花而得名。螺旋槽有 2 槽、3 槽或更多槽，但以 2 槽最为常见。麻花钻可被夹持在手动、电动的手持式钻孔工具或钻床、铣床、车床乃至加工中心上使用。钻头材料一般为高速工具钢或硬质合金。

组成：主要由柄部和工作部分组成。工作部分的切削部分由两个主切削刃和副切削刃、两个前面和后面、两个刃带和一个横刃组成，担负全部切削工作。工作部分的导向部分起导向和备磨作用，容屑槽做成螺旋形，以利于导屑。

（1）麻花钻头的结构如图7-3所示。

① 两个前刀面（螺旋槽）。

② 两个主后刀面。

③ 两个副后刀面（棱边）。

④ 两条主切削刃。

⑤ 两条副切削刃。

⑥ 一条横刃（两主后刀面交线）。

（2）钻头的刃磨角度。

麻花钻刃磨时只需刃磨两个后刀面，控制三个角度。

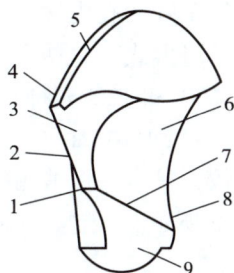

图7-3 麻花钻头的结构

1—横刃；2—主切削刃；
3—主后刀面；4—副切削刃；
5—棱带（副后刀面）；6—前刀面；
7—主切削刃；8—副切削刃；
9—主后刀面

① 顶角 2ϕ：两个主切削刃在与其平行的平面上投影的夹角。

② 外缘后角 α_f：切削平面与主后刀面之间的夹角，$\alpha_f = 8° \sim 20°$。

③ 横刃斜角 ψ：横刃斜角 ψ 是主切削刃与横刃在钻头端面上投影的夹角。标准麻花钻的横刃斜角为 $\psi = 50° \sim 55°$。

（3）麻花钻切削部分结构的分析与改进。

① 标准高速钢麻花钻存在的问题。

a. 沿主切削刃各点前角值差别很大（ $+30° \sim -30°$ ），横刃上的前角为 $-54° \sim -60°$，形成较大的轴向力，使切削条件恶化。

b. 棱边近似为圆柱面的一部分（有稍许倒锥），副后角接近0°，摩擦严重。

c. 在主、副切削刃相交处，切削速度最大，散热条件最差，磨损很快。

d. 两条主切削刃很长，切屑宽，各点切屑流出速度相差很大，切屑呈宽螺卷状，排屑不畅，切削液难以注入切削区。

e. 横刃较长，其前、后角与主切削刃后角不能分别控制。

② 标准高速钢麻花钻切削部分的修磨与改进。

a. 修磨横刃：将整个横刃磨去、磨短，加大横刃前角等修磨形式，改善麻花钻的切削性能。

b. 修磨前刀面：加工较硬材料时，将主切削刃外缘处的前刀面部分磨去，适当减小该处前角，以保证足够强度；加工较软材料时，在前刀面上磨出卷屑槽，加大前角，减小切屑变形，改善工件表面加工质量。

c. 修磨棱边：加工无硬皮的工件时，为了减小棱边与孔壁的摩擦，减小钻头磨损，对于直径大于12 mm的钻头，磨出副后角 $\alpha_1 = 6° \sim 8°$，并留下宽度为0.1～0.2 mm的窄棱边。

d. 修磨切削刃：为了改善散热条件，在主、副切削刃交接处磨出过渡刃。

e. 磨出分屑槽：在后刀面上磨出分屑槽，有利于排屑及切削液的注入，改善切削条件，特别适用于在韧性材料上加工较深的孔。

2）锪钻

锪钻是钻尖呈圆锥面或平面的孔加工刀具。锪钻是对孔的端面进行平面、柱面、锥面及其他型面加工。在已加工出的孔上加工圆柱形沉头孔、锥形沉头孔和端面凸台时，都使用锪钻。平底锪钻，其圆周和端面上各有 3~4 个刀齿（见图 7-4），在已加工好的孔内插入导柱，其作用为控制被锪孔与原有孔的同轴度误差。导柱一般做成可拆式，以便于锪钻端面齿的制造与刃磨。锥面锪钻的钻尖角有 60°、82°、90°、100° 和 120° 五种，锪钻分柱形锪钻、锥形锪钻和端面锪钻三种。

3）铰刀

铰刀具有一个或者多个刀齿，用以切除孔已加工表面薄金属层的旋转刀具，如图 7-5 所示。经过绞刀加工后的孔可以获得精确的尺寸和形状。

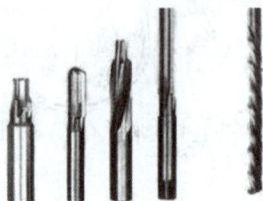

图 7-4　锪钻　　　　图 7-5　铰刀

铰刀用于铰削工件上已钻削（或扩孔）加工后的孔，主要是为了提高孔的加工精度，降低其表面的表面粗糙度，是用于孔的精加工和半精加工的刀具，加工余量一般很小。通常用来加工圆柱形孔的铰刀比较常用，而用来加工锥形孔的铰刀是锥形铰刀，比较少用。铰刀结构大部分由工作部分及柄部组成。工作部分主要起切削和校准功能，校准处直径有倒锥度；而柄部则用于被夹具夹持，有直柄和锥柄之分。

手用铰刀一般材料为合金工具钢（9SiCr），机用铰刀材料为高速钢（HSS），机用铰刀分为直柄机用铰刀和锥柄机用铰刀。

铰刀精度有 D4、H7、H8、H9 等精度等级。

按铰孔的形状分，有圆柱形、圆锥形和阶梯形 3 种。

4）丝锥

丝锥是加工圆柱形和圆锥形内螺纹的标准工具，如图 7-6 所示。

机用和手用丝锥是切制普通螺纹的标准丝锥。中国习惯上把制造精度较高的高速钢磨牙丝锥称为机用丝锥，

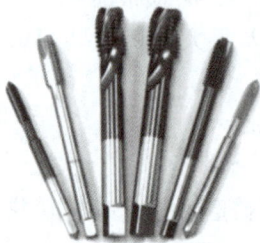

图 7-6　丝锥

把碳素工具钢或合金工具钢的滚牙（或切牙）丝锥称为手用丝锥，实际上两者的结构和工作原理基本相同。通常，丝锥由工作部分和柄部构成。工作部分又分切削部分和校准部分，前者磨有切削锥，担负切削工作，后者用以校准螺纹的尺寸和形状。

四、钻孔、攻螺纹操作

1. 划孔位线

划线时，钻孔是攻螺纹的基础。划线准确，孔位尺寸就能得到保证。在划线前，首先要看懂图样和工艺要求，明确工作任务。然后，清理划线表面，涂上酒精溶液，选择好划线基准。选择划线基准时，应尽可能使划线基准和设计基准重合，

采用划线盘对毛坯进行划线，已加工好的表面则采用高度游标尺进行划线。划圆线时，先划出十字中心线再划圆线，大直径的圆可划多个圆线，用以钻孔时作参考线。线条要求清晰均匀，划完线后要仔细检查划线的准确性及是否有漏划线条，确认无误后再打上样冲。样冲应打在线条的中点，不可偏离线条，样冲在曲线上的冲点间距要小一些。直线上的冲点间距可大一些，但短线至少有 3 个冲点，在线条的交叉转折处必须有冲点。冲点的深浅要掌握适当，薄壁或光滑表面上的冲点要浅些，粗糙表面或厚壁上的中心孔位置则要深些。

1）划线前的准备工作

（1）看懂图样和工艺文件。

（2）查看工件。

（3）擦净划线平板，准备好所用的划线工具。

（4）清理好工件。

（5）划线部位涂色。

① 白灰水。

② 锌钡白。

③ 蓝油。

2）划线工艺步骤（见图7-7）

（1）看清图样。

（2）确定划线基准。

（3）初步检查毛坯的误差情况。

（4）清理工件，涂色，在孔中安装塞块和选用划线工具。

（5）正确安装工件，按图样在工件上划线。

（6）仔细检查划线的准确性，检查是否有线条漏划。

（7）确定无误后，在线条上打样冲眼。

图7-7　划线工艺步骤

2. 钻孔

在机件上产生圆孔的方法不外乎锻铸孔及钻削等，锻铸孔的尺寸及圆度均无法达到需要的精度，多数在机件上产生孔的方法均为钻孔。钻孔是利用双刃刀具（钻头）在机件实体中切削产生圆孔的一种操作方法。钻床除用于钻孔外，还可进行铰孔、钻柱坑、钻锥坑、翼形刀切削及攻螺纹等操作。

1）螺纹底孔直径的确定

攻螺纹前首先应确定螺纹底孔直径并掌握正确的操作方法。

在加工钢件和塑性较大的材料及扩张量中等的条件下，钻螺纹底孔用钻头直径 $D(\text{mm}) = $ 螺纹大径 $d(\text{mm}) - $ 螺距 $l(\text{mm})$。

在加工铸铁和塑性较小的材料及扩张量较小的条件下，钻螺纹底孔用钻头直径

$D(\text{mm})=$ 螺纹大径 $d(\text{mm})-(1.05\sim1.1)$ 螺距 $l(\text{mm})$。

在工件的实体部位加工孔的工艺过程称为钻孔，使用的刀具主要是麻花钻。

钻孔的工艺特点：易引偏，排屑困难，切削温度高，刀具磨损快。

实际生产中为提高孔的加工精度，可采取以下措施：

（1）仔细刃磨钻头，使两个切削刃的长度相等和顶角对称，从而使径向切削力互相抵消，减少钻孔时的歪斜；在钻头上修磨出分屑槽，将宽的切屑分成窄条，以利于排屑。

（2）用顶角 $2\phi=9°\sim100°$ 的短钻头，预钻一个锥形坑，可以起到钻孔时的定心作用。

（3）用钻模为钻头导向，可减少钻孔始时的引偏，特别是在斜面或曲面上钻孔时更有必要。

2）钻孔步骤

（1）在平整的工件上钻孔，一般把工件装夹在机床用平口台虎钳上，孔较大时，机床用台虎钳可用螺栓固定在钻床工作台上。

（2）在圆柱形工件上钻孔时，要把工件放在 V 形架上，以免钻孔时工件滚动。

（3）钻大孔或不便用机床用平口台虎钳装夹工件时，可用螺栓、压板、垫铁把工件固定在钻床工作台上，如图 7-8 所示。

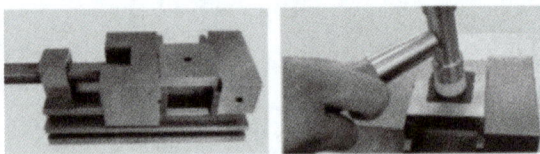

图 7-8　工件夹持

3）钻削用量的选择

钻削用量包括三要素：切削速度 v_c、进给量 f、切削深度 a_p。

（1）切削速度 v_c：指钻削时钻头切削刃上最大直径处的线速度，可由下式计算：

$$v_c=\frac{\pi Dn}{1\,000}\ \text{m/min}$$

式中　D——钻头直径，mm；

　　　n——钻头转速，r/min。

当钻头直径和进给量确定后，钻削速度应按钻头的寿命选取合理的数值，一般根据经验选取。孔较深时，取较小的钻削速度。

（2）进给量 f：指主轴每转一转钻头对工件沿主轴轴线相对移动的距离，单位为 mm/r。主孔的精度要求较高且表面粗糙度值较小时，应选择较小的进给量；钻较深孔、钻头较长以及钻头刚性、强度较差时，也应选择较小的进给量。

（3）切削深度 a_p：指已加工表面与待加工表面之间的垂直距离，即一次走刀所能切下的金属层厚度，$a_p=D/2$，单位为 mm。直径小于 30 mm 的孔一次钻出；直径为 30~80 mm 的孔可分两次钻削，先用 （0.5~0.7）D（D 为要求加工的孔径）的钻头钻底孔，然后用直径为 D 的钻头将孔扩大。

（4）用量的选择原则。

① 钻削用量选择的目的，首先是在保证钻头加工精度和表面粗糙度的要求以及保证钻头有合理的使用寿命的前提下，使生产率最高；不允许超过机床的功率及机床、刀具、夹具等的强度和刚度的承受范围。

② 钻削时，由于背吃刀量已由钻头直径决定，所以只需选择切削速度和进给量。

③ 钻孔时选择钻削用量的基本原则是在允许范围内，尽量先选择较大的进给量，当进给量的选择受到表面粗糙度和钻头刚性的限制时，再考虑选择较大的切削速度。

④ 调整床台位置及高度，如图7-9所示。

⑤ 检查钻位。

图7-9　调整床台位置及高度

4）钻孔

（1）准确划线。钻孔前，首先应熟悉图样要求，加工好工件的基准；一般基准的平面度为0.04 mm，相邻基准的垂直度≤0.04 mm。按钻孔的位置尺寸要求，使用高度尺划出孔位置的十字中心线，要求线条清晰、准确；线条越细，精度越高。由于划线的线条总有一定的宽度，而且划线的一般精度可达到0.25~0.5 mm，所以划完线以后要使用游标卡尺或钢板尺进行检验。

（2）划检验方格或检验圆划完线并检验合格后，还应划出以孔中心线为对称中心的检验方格或检验圆，作为试钻孔时的检查线，以便钻孔时检查和借正钻孔位置，一般可以划出几个大小不一的检验方格或检验圆，小检验方格或检验圆略大于钻头横刃，大的检验方格或检验圆略大于钻头直径。

（3）打样冲眼。划出相应的检验方格或检验圆后应认真打样冲眼。先打一小点，在十字中心线的不同方向仔细观察样冲眼是否打在十字中心线的交叉点上，最后把样冲眼用力打正、打圆、打大，以便准确落钻定心。

（4）装夹。擦拭干净机床台面、夹具表面、工件基准面，将工件夹紧，要求装夹平整、牢靠，便于观察和测量。应注意工件的装夹方式，以防工件因装夹而变形。

（5）试钻。钻孔前必须先试钻：使钻头横刃对准孔中心样冲眼钻出一浅坑，然后目测该浅坑位置是否正确，并要不断纠偏，使浅坑与检验圆同轴。如果偏离较小，则可在起钻的同时用力将工件向偏离的反方向推移，达到逐步校正。

（6）钻孔。钳工钻孔一般以手动进给操作为主，当试钻达到钻孔位置精度要求后，即可进行钻孔。手动进给时，进给力量不应使钻头产生弯曲现象，以免孔轴线歪斜。

钻孔操作如图 7-10 所示。

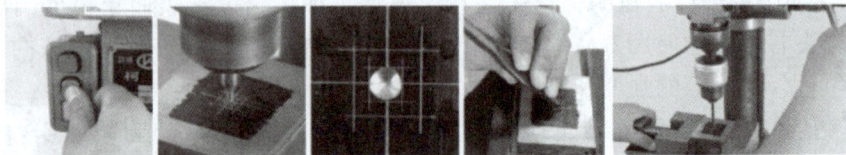

图 7-10　钻孔操作

钻孔时加注切削液，是为了及时散发切削热，减少摩擦，延长钻头的使用寿命，提高孔壁质量。材料不同，选择的切削液也不同。钻钢件、可锻铸铁时可用 3%~5% 的乳化液；钻灰铸铁、黄铜、青铜、铝及其合金时可不用切削液或用 5%~8% 的乳化液；钻硬木橡胶、电木、纤维板时可不用切削液。

5）钻孔注意事项

（1）操作时勿戴手套，避免卷入造成意外。

（2）一般钻非精密孔位，如引锯孔、沉头孔、螺丝孔等，可不需要检验孔。

（3）钻完孔后须将钻孔时所产生的毛边去除，避免伤人及影响加工尺寸。

（4）钻孔完毕须清洁保养钻头、夹具及整理钻床，并将工具归回定位。

五、攻螺纹

攻螺纹是钳工金属切削中的重要内容之一，指的是用一定的扭矩将丝锥旋入要钻的底孔中加工出内螺纹。"刚性攻螺纹"又称"同步进给攻螺纹"。攻螺纹只能加工三角形螺纹，属连接螺纹，用于两件或多件结构件的连接。螺纹的加工质量会直接影响到构件的装配质量效果。

1. 攻螺纹工具

丝锥的工作部分包括切削部分和校准部分。

手用丝锥一般由两支组成一套，分为头锥和二锥。两支丝锥的外径、中径和内径均相等，只是切削部分的长短和锥角不同。头锥较长，锥角较小，约有 6 个不完整的齿，以便切入；二锥短些，锥角大些，不完整的齿约为 2 个。

注明：丝锥有手用丝锥和机用丝锥。

区别：机用丝锥通常是指高速钢磨牙丝锥，适用于在机床上攻丝；手用丝锥是指碳素工具或合金工具钢滚牙（或切牙）丝锥，适用于手工攻丝。但在生产中，两者也可互换使用。

机用丝锥和手工丝锥平时是可以互换的，但在有些时候就不可以，有两种情况要注意：

（1）一般来说机用丝锥的材料要好一些，所以如果有加工质量及硬度要求的最好用机用丝锥。

（2）如果攻丝在 M2 以下的，最好选择材料好的手用丝锥。采用机用丝锥一次成功攻丝时切削量大，加上如果材料韧性较大，则容易扭断丝锥，而采用手工丝锥是二次攻完，每次的切削量相对较小而且攻丝精度较高，因此采用手工丝锥较好。

铰杠是扳转丝锥的工具，常用的是可调节式铰杠，以便夹持各种不同尺寸的丝锥，如图7-11所示。

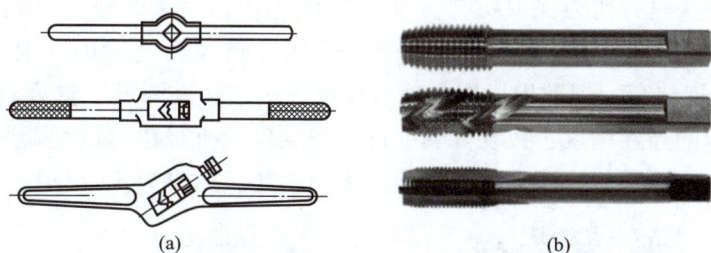

图7-11 铰杠和丝锥

（a）铰杠；（b）丝锥

2. 手动攻螺纹的步骤和方法

（1）在攻螺纹开始时，要尽量把丝锥放正，然后对丝锥加压力并转动绞杠，当切入1~2圈时，仔细检查和校正丝锥的位置。一般切入3~4圈螺纹时，丝锥位置应正确无误。以后，只动绞手，而不应再对丝锥加压力，否则螺纹牙型将被损坏，如图7-12所示。

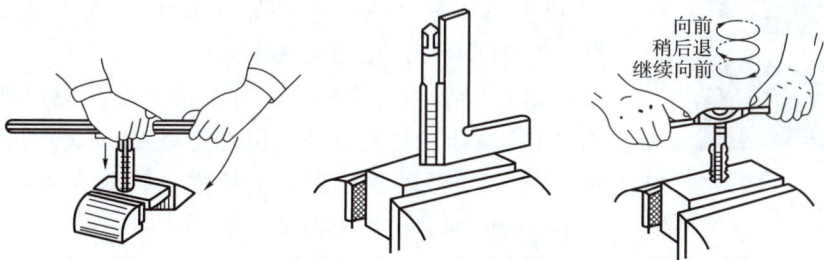

向前
稍后退
继续向前

图7-12 手动攻螺纹

（2）攻螺纹时，每扳转绞手1/2~1圈，就应倒转约1/2圈，使切屑碎断后容易排出，并可减少切削刃因粘屑而使丝锥轧住现象。

（3）遇到攻不通的螺孔时，要经常退出丝锥，排除孔中的切屑。

（4）攻塑性材料的螺孔时，要加润滑冷却液。对于钢料，一般用机油或浓度较大的乳化液，要求较高的可用菜油或二硫化钼等。对于不锈钢，可用30号机油或硫化油。

（5）攻螺纹过程中换用后一支丝锥时，要用手先旋入已攻出的螺纹中，至不能再旋进时，再用绞手扳转。在末锥攻完退出时，也要避免快速转动绞手，用手旋出，以保证已攻好的螺纹质量不受影响。

（6）机攻时，丝锥与螺孔要保持同轴性。

攻螺纹加工中也需要专业的润滑剂，能有效减少工件与丝锥的摩擦，降低磨损，并具有强韧的油膜，防止工件表面擦伤和起皱，能有效提高工作质量与工作效率；同时抑制温度上升，减少烧结和卡咬的产生等，延长模具使用寿命，保护工具，抑制黑色油泥的产生，不腐蚀工件。

在攻螺纹时选择适合的润滑剂很重要，在不需要清洗的场合，要用自净性的攻螺纹润滑剂；对于难加工的工件，需要用纯油性的攻螺纹油。

3. 钻床攻螺纹

攻丝机夹头具有扭力保护功能，如图 7-13 所示。夹头的外壳连接攻丝机主轴，中间的芯夹住丝锥。中间的芯和外壳是靠弹簧片锁紧而连接的。用 2 个定位销、4 个螺钉通过连接套，把数控机床主轴与攻丝夹头连接在一起，这样首先保证了攻丝夹头与机床的连接精度；扳动外套筒件，确定攻丝所需扭力矩，碟形弹簧就会受力被压紧，由钢球定位，连动刻线套筒，进行攻丝，如图 7-14 所示。

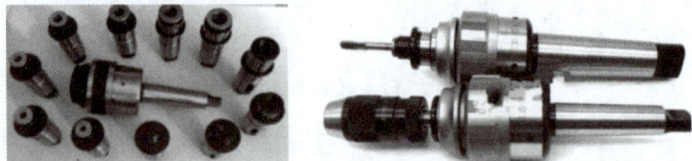

图 7-13　攻丝机夹头

图 7-14　攻丝机

攻丝机扭力大小的调节方法：

（1）扭力太大：攻丝机攻到底不会打滑，会断丝锥，说明扭力太大，攻丝机夹头扭力要调小。取出卡簧，逆时针扭松，M8 以上可以放在夹具上扭紧，装上卡簧（很重要，不装，用一段时间会松，扭力又变小）。

（2）扭力太小：攻丝机工作时主轴会转，但丝锥攻不下去，说明扭力太小，攻丝机夹头扭力要调大。取出卡簧，顺时针扭紧，M8 以上可以放在夹具上扭紧，装上卡簧（很重要，不装，用一段时间会松，扭力又变小）。

每攻一个孔的螺纹，就要把工件上要攻螺纹的孔移动到立钻攻螺纹夹头下面，把丝锥插进螺纹底孔里，然后夹紧工件，接着攻下一个螺纹。如果是摇臂钻攻螺纹的话，只要把工件压紧，放开摇臂和主轴箱，把夹住主轴夹头上的丝锥插进要攻螺纹的螺纹底孔里，开反车，用毛刷给丝锥抹些攻螺纹油，或者菜油，然后左手握着主轴手柄，把丝锥插进螺纹底孔里，右手握着正反转手柄，使主轴正转，左手稍微用力，使丝锥攻进螺纹底孔里。当丝锥快要到达设定的深度时，转动主轴正反转手柄，使丝锥退出即可。在攻螺纹时，要多次打主轴反转，把丝锥上的切屑用油毛刷清理一下，顺便也给丝锥涂一些攻螺纹油或者菜油，这样可以使攻出来的螺纹表面粗糙度更小一些，同时会减少丝锥被切屑挤死而折断的可能性。

（1）机攻时，丝锥的校准部分不能全部出头，否则在反车退出丝锥时会产生乱牙。

（2）机攻时的切削速度，一般钢料为 6~15 m/min；调质钢或较硬的钢料为 5~10 m/min；不锈钢为 2~7 m/min；铸铁为 8~10 m/min。在同样材料时，丝锥直径小取较高值，丝锥直径大取较低值。

总结与评价

认识钳工任务实施工作总结 7-1

项目实施总结	
小组成员	完成日期

认识钳工知识任务评价 7-1

序号	评价项目	项目要求	分值	得分	总评
1	钳工基本操作	钳工基础知识	25		A□（86~100）
2		划线操作步骤	25		B□（76~85）
3		钻孔操作步骤	25		C□（60~75）
4		攻丝操作步骤	25		D□（60 以下）

任务二　装　配

　　装配工作，是产品制造工艺过程中的后期工作，它包括各种装配准备工作，以及部装、总装、调整、检验和试机等工作。装配质量的好坏，对整个产品的质量起着决定性的作用。通过装配才能形成最终产品，并保证它具有规定的精度及设计所定的使用功能及验收质量标准。装配工作是一项非常重要而细致的工作，必须认真按照产品装配图的要求制定出合理的装配工艺规程，采用新的装配工艺，以提高装配精度，达到优质、低耗、高效。

任务要求

（1）掌握钳工装配知识。

（2）灵活运用钳工装配工具。

（3）掌握钳工装配工艺。

装配工作任务书 7-2

项目七　钳工	任务目标
任务二　装配 1. 掌握钳工装配知识 2. 灵活运用钳工装配工具 3. 掌握钳工装配工艺	1. 掌握钳工装配知识 2. 灵活运用钳工装配工具 3. 掌握钳工装配工艺 4. 养成乐于助人、学习奉献精神，增强社会责任感
技术文件	平口钳装配调试，图纸见附录 1

工作任务

本项目的任务是掌握钳工装配知识、装配工具及装配工艺。

以工作小组（6 人/组）为单位完成该工作过程。

提交材料

1. 装配工作任务资讯工作单

2. 装配任务计划工作单

3. 装配任务实施工作单

4. 装配任务总结

任务完成时间	1 h

装配工作任务资讯工作单 7-2

资讯内容	
资讯记录	
小组成员	完成日期

装配任务计划工作单 7-2

计划内容	
计划项目	
小组成员	完成日期

装配任务实施工作单 7-2

实施内容	
项目实施记录	
小组成员	完成日期

知识链接

一、装配前的准备工作

（1）研究和熟悉产品装配图、工艺文件以及技术要求；了解产品的结构、功能、各主要零部件的作用以及相互的连接关系，并对装配零部件配套的品种及其数量加以检查。

（2）确定装配的方法、顺序和准备所需要的工具。

（3）对装配零件进行清洗和清理，去掉零件上的毛刺、锈蚀、切屑、油污以及其他脏物，以获得所需的清洁度。

（4）对有些零部件需要进行锉配或配刮等修配工作，有的还要进行平衡试验、渗漏试验和气密性试验等。

（5）装配比较复杂的产品，其装配工艺常分为部装和总装两个过程。一般来说，凡是将两个以上的零件组合在一起，或将零件与几个组件结合在一起，成为一个装配单元的装配工作，都可以称为部装。把产品划分成若干个装配单元是保证缩短装配周期的基本措施。划分为若干个装配单元后，可以在装配工艺上组织平行装配作业，扩大装配工作面，而且能使装配按流水线组织生产，或便于大协作生产。同时，各装配单元能预先调整试验，各部分以比较完善的状态送去总装，有利于保证产品质量。产品的总装通常是在工厂的总装场地内进行，但在某些场合下，产品在制造厂内只进行部装工作，而在产品安装的现场进行总装工作。

（6）调整、精度检测和试机。

① 调整工作，是调节零件或机构的相互位置、配合间隙和结合松紧等，其目的是使机构或机器工作协调，如轴承间隙、镶条位置、蜗轮轴向位置及锥齿轮副啮合位置的调整等。

② 精度检验，包括工作精度检验和几何精度检验等。

③ 试机，包括机构及其运转的灵活性、性能参数等指标，工作温升，密封性、振动、噪声、转速、功率和效率等方面的检查及最后测试。

二、喷漆、涂油、装箱

喷漆是为了防止不加工面的锈蚀及使机器外表美观；涂油是使工作表面及零件已加工表面不生锈；装箱是为了便于运输。它们也都需要结合装配工序进行。

三、装配工艺规程

装配工艺规程是规定装配全部部件和整个产品工艺过程，以及所使用设备和工夹量具等的技术文件。工艺规程是生产实践和科学实验的总结，符合"优质、低耗、高效"的原则，是提高产品质量和劳动生产率的必要措施，也是组织生产的重要依据。

1. 螺纹连接的装配

螺纹连接是一种可拆卸的紧固连接，它具有结构简单、连接可靠、装拆方便等优点，故在固定连接中应用广泛。

1）对螺纹连接装配的技术要求

（1）保证有一定的拧紧力矩。

绝大多数的螺纹连接在装配时都要预紧，以保证螺纹副具有一定的摩擦阻力矩，目的在于增强连接的刚性、紧密性和放松能力等。所以在螺纹连接装配时应保证有一定的拧紧力矩，使螺纹副产生足够的预紧力。预紧力的大小与螺纹连接件材料预紧应力的大小及螺纹直径有关，一般规定预紧力不得大于其材料屈服极限的80%。对于规定预紧力的螺纹连接，常用控制转矩法、控制螺纹弹性伸长法和控制螺母转角法来保证预紧力的准确性。对于预紧力无严格要求的螺纹连接，可使用普通扳手、气动扳手或电动扳手拧紧，凭操作者的经验来判断预紧力是否适当。

（2）有可靠的防松装置。

螺纹连接一般都有自锁性，在受静载荷和工作温度变化不大时，不会自行松脱。但在冲击、振动或变载荷作用下，以及工作温度变化很大时，为了确保连接可靠，防止松动，必须采取可靠的防松措施。常用的螺纹防松方法有：双螺母防松、弹簧垫圈防松、止动垫圈防松、串联钢丝防松及开口销与带槽螺母防松等。

2）螺纹连接的装配要点（螺栓、螺母和螺钉）

（1）螺栓、螺钉或螺母与贴合的表面要光洁、平整，贴合处的表面应经过加工，否则容易使连接件松动或使螺钉弯曲。

（2）螺栓、螺钉或螺母与接触的表面之间应保持清洁，螺孔内的脏物应当清理干净。

（3）拧紧成组多点螺纹连接时，必须按一定的顺序进行，并做到分次逐步拧紧（一般分三次拧紧），否则会使零件或螺杆产生松紧不一致甚至变形。在拧紧长方形布置的成组螺母时，应从中间开始，逐渐向两边对称地扩展；在拧紧方形或圆形布置的成组螺母时，必须对称进行。

（4）装配在同一位置的螺栓或螺钉，应保证长短一致、受压均匀。

（5）主要部位的螺钉，必须按一定的拧紧力矩来拧紧（可用扭力扳手紧固）。

（6）连接件要有一定的夹紧力，紧密牢固，在工作中有振动或冲击时，为了防止螺钉和螺母松动，必须采用可靠的防松装置。

（7）凡采用螺栓连接的场合，螺栓外径与光孔直径之间都有相当的空隙，装配时应先把被连接的上下零件相互位置调整好后，方可拧紧螺栓或螺母。

2. 圆柱销的装配

圆柱销依靠少量过盈固定在孔中，用以固定零件、传递动力或作定位元件。用圆柱销定位时，为了保证连接质量，通常被连接件的两孔应同时钻铰，并使孔壁表面粗糙度达到 $Ra1.6\ \mu m$。装配时，在销子上涂上机油，用铜棒垫在销子端面上，把销子打入孔中，也可用弓形夹头将销子压入销孔。圆柱销不宜多次装拆，否则将降低配合精度。

四、装配常用扳手类工具准备

常用扳手类工具见表7-1。

表7-1　常用扳手类工具

序号	名称	实物图	说明
1	开口扳手		此类扳手的末端有U形开口，方便握紧螺栓或螺帽的两个边；其通常是双头，每头的开口有不同大小
2	梅花扳手		此类扳手的末端呈花环状，可以握紧螺栓或螺帽的各边。花环状通常有六角形或十二角形，其中六角形花环可以转动六角形的螺栓或螺帽，十二角形花环能以十二个角度套住螺栓或螺帽，在空间窄小的地方尤其适用

序号	名称	实物图	说明
3	两用扳手		此类扳手为双头扳手，一头是开口，另一头是闭口，两头的尺寸大小相同
4	活动扳手		此类扳手是一种可自由调节开口大小的开口扳手，按调节钮的设计和特性，可再细分为月牙形扳手和水管扳手等
5	套筒扳手		此类扳手末端为中空的套筒，可以套住螺栓或螺帽的一端。套筒有时附有把手和万向接头及插座，以配合其他工具使用
6	内六角扳手		常见为 L 形粗钢线，钢线的切面为正六角形，有各种不同大小。这类扳手适合转动六角形凹槽的螺栓
7	气动扳手		用压缩空气为动力，可提供较手动扳手大的扭力
8	扭力扳手		扭力扳手用于拧紧对拧紧力矩有严格要求的螺纹件，通常需要与套筒扳手配合使用，使用时可直接显示出所施加的拧紧力矩

五、平口钳装配任务实施步骤

平口钳装配任务实施步骤见表 7-2。

表 7-2 平口钳装配任务实施步骤

任务实施	任务准备	实施要求	加工要素
1	检查零件尺寸	—	检查各零件尺寸是否符合要求，并做好记录
2	装配活动钳口		把活动钳口、滑块安装在钳体上，锁紧滑块螺栓，活动钳口在钳体上滑动自如

学习笔记

任务实施	任务准备	实施要求	加工要素
3	装配手柄		把丝杆装入手柄,插入圆柱销
4	装配丝杆及螺栓		把丝杆旋入钳体,丝杆小段装入活动钳体,在活动钳体左、右孔内装入钢球,旋入沉头螺栓,调节螺栓使丝杆转动灵活,带动活动钳口移动

总结与评价

装配任务实施工作总结 7-2

项 目 实 施 总 结	
小组成员	完成日期

装配任务评价 7-2

序号	评价项目	项目要求	分值	得分	总评
1	钳工装配操作	钳工装配知识	30		A□ (86~100) B□ (76~85) C□ (60~75) D□ (60 以下)
2		灵活运用钳工装配工具	30		
3		钳工装配工艺	40		

项目八 3D 打印

3D 打印是快速成型技术的俗称，即通过 3D 打印机直接打印三维立体零件。3D 打印机根据三维 CAD 模型将塑料、金属粉末或固体无机物粉末等可黏合材料通过不同类型的喷头，逐层堆积在工作台上，并最终形成目标零件。与传统减材制造工艺不同，3D 打印是一种通过不断添加材料直至工件完成的自由成形技术，在克服传统制造业难加工或无法加工的短板的同时，更大幅地减少了整个加工过程中原料的浪费。3D 打印技术诞生于 20 世纪 90 年代中期，由于早期技术和成本的限制并没有得到广泛的运用。经过 20 多年的发展，得益于工艺、材料和设备等方面的进步，现在的 3D 打印技术不仅价格更低，精度和可靠性也更高。

任务要求

（1）3D 打印技术基本原理。

（2）3D 打印参数设置。

（3）3D 打印机使用基本步骤。

（4）3D 打印应用。

3D 打印工作任务书 8-1

项目八 3D 打印	任务目标
1. 3D 打印技术基本原理	1. 3D 打印参数设置
2. 3D 打印参数设置	2. 3D 打印机使用基本步骤
3. 3D 打印机使用基本步骤	3. 创新发展是解决问题的有效途径，培养
4. 3D 打印应用	学生创新思维
技术文件	平口钳固定钳体、活动钳体 3D 打印

工作任务

本项目的任务是掌握 3D 打印技术的基本原理，了解 3D 打印的参数设置及 3D 打印机的使用步骤和应用。

以工作小组（6 人/组）为单位完成该工作过程。

提交材料

1. 3D 打印工作任务资讯工作单

2. 3D 打印任务计划工作单

3. 3D 打印任务实施工作单

4. 3D 打印任务总结

任务完成时间	4 h

3D 打印工作任务资讯工作单 8-1

资讯内容	
资讯记录	
小组成员	完成日期

3D 打印工作任务计划工作单 8-1

计划内容	
计划项目	
小组成员	完成日期

3D 打印工作任务实施工作单 8-1

实施内容	
项目实施记录	
小组成员	完成日期

知识链接

认识 3D 打印技术

一、3D 打印技术的基本原理

3D 打印就是增材制造技术的一种形式，在增材制造技术中三维对象就是通过连续的物理层创建出来的。3D 打印机相对于其他增材制造技术而言，具有速度快、价格便宜、高易用性等优点。

3D 打印机就是可以"打印"出真实 3D 物体的一种设备，功能上与激光成型技术一样，采用分层加工、叠加成形，即通过逐层增加材料来生成 3D 实体，与传统的去除材料加工技术完全不同，之所以将其称为"打印机"就是参照了其技术原理，因为分层加工的过程与喷墨打印十分相似。随着这项技术的不断进步，我们已经能够生产出与原型的外观、感觉与功能极为接近的 3D 模型。说得简单一点，3D 打印就是断层扫描的逆过程，断层扫描就是把某个东西"切"成无数叠加的片，3D 打印就是一片一片的打印，然后将其叠加到一起，成为一个立体物体。

使用 3D 打印就像用打印机打印一封信：轻点电脑屏幕上的"打印"按钮，一份数字文件便被传送到一台喷墨打印机上，它将一层墨水喷到纸的表面，以形成一幅二维图像。而在 3D 打印时，软件通过电脑辅助设计技术（CAD）完成一系列数字切片，并将这些切片的信息传送到 3D 打印机上，后者会将连续的薄型层面堆叠起来，直到一个固态物体成型。3D 打印机与传统打印机最大的区别在于它使用的"墨水"就是实实在在的原材料。

3D 打印，即快速成型技术的一种，它是一种以数字模型文件为基础，运用粉末状金属或塑料等可黏合材料，通过逐层打印的方式来构造物体的技术。3D 打印通常是采用数字技术材料打印机来实现的，常在模具制造、工业设计等领域被用于制造模型，后逐渐用于一些产品的直接制造，已经有使用这种技术打印而成的零部件。该技术在珠宝、鞋类、工业设计、建筑、工程和施工（AEC）、汽车、航空航天、牙科和医疗产业、教育、地理信息系统、土木工程、枪支以及其他领域都有所应用。

二、典型的 3D 打印技术

快速成型根据材料与加工设备的不同，技术上主要有以下几大类：

（1）SLA 工艺：光固化/立体光刻。

（2）FDM 工艺：熔融沉积成形。

（3）SLS 工艺：选择性激光烧结。

（4）LOM 工艺：分层实体制造。

（5）3DP 工艺：三维印刷。

（6）PCM 工艺：无木模铸造。

1. 光固化成型（简称 SLA 或 AURO，光敏树脂为原料，见图 8-1）

光固化成型是最早出现的快速成型工艺，其原理是基于液态光敏树脂的光聚合原理工作的。这种液态材料在一定波长（$x=325$ nm）和强度（$w=30$ mW）的紫外光的照射下能迅速发生光聚合反应，分子量急剧增大，材料也就从液态转变成固态。光固化成型是目前研究得最多的方法，也是技术上最为成熟的方法。一般层厚在 $0.1\sim0.15$ mm，成型的零件精度较高。多年的研究改进了截面扫描方式和树脂成型性能，使该工艺的加工精度能达到 0.1 mm，现在最高精度已能达到 0.05 mm。但这种方法也有自身的局限性，比如需要支撑、树脂收缩导致精度下降、光固化树脂有一定的毒性等。

光固化工艺的优点是精度较高、表面效果好，零件制作完成打磨后，将层层的堆积痕迹去除。光固化工艺运行费用高，零件强度低，无弹性，无法进行装配。光固化工艺设备的原材料很贵，种类不多。光固化设备的零件制作完成后，还需要在紫外光的固化箱中二次固化，用以保证零件的强度。

液漕内的光敏树脂经过半年到一年的时间就会过期，所以要有大量的原型服务，以保证液漕内的树脂被及时用完，否则新、旧

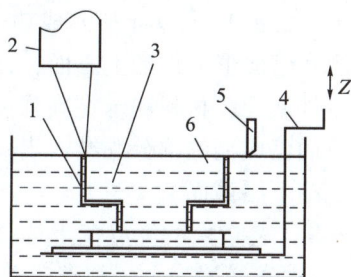

图 8-1　光固化成型

1—成型零件；2—紫外激光；3—光敏树脂；
4—升降台；5—刮平器；6—液面

树脂混在一起会导致零件的强度下降、外形变形。如需要更换不同牌号的材料，就需要将一个液漕的光敏树脂全部更换，工作量大，树脂浪费很多。

一年内液漕光敏树脂必须用完，否则将会变质，用户需要重新投入近 10 万元采购光敏树脂。30 万元的端面泵浦固体紫外激光器只能用 1 万小时，使用两年后激光器更换需要二次投入 30 万元的费用。振镜系统也是易损件，再次更换需要十几万元的投入。由于设备的运行费用高，故这种设备一般被大型集团或有足够资金的企业采购。

2. 熔融挤出成型（简称 FDM，ABS、PC、尼龙等为原料，见图 8-2)

熔融挤出成型（FDM）工艺的材料一般是热塑性材料，如蜡、ABS、PC、尼龙等，以丝状供料。材料在喷头内被加热熔化，喷头沿零件截面轮廓和填充轨迹运动，同时将熔化的材料挤出，材料迅速固化，并与周围的材料黏结。每一个层片都是在上一层上堆积而成，上一层对当前层起到定位和支撑的作用。随着高度的增加，层片轮廓的面积和形状都会发生变化，当形状发生较大的变化时，上层轮廓就不能给当前层提供充分的定位和支撑作用，这就需要设计一些辅助结构"支撑"，对后续层提供定位和支撑，以保证成型过程的顺利实现。

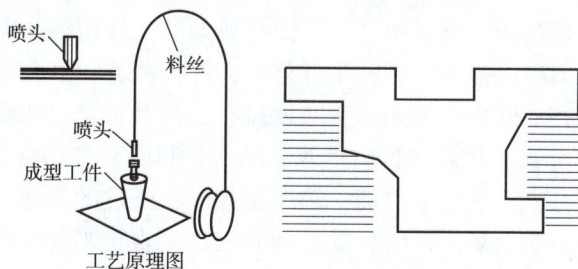

喷头
料丝
喷头
成型工件
工艺原理图

图 8-2　熔融挤出成型

这种工艺不用激光，使用、维护简单，成本较低。用蜡成型的零件原型可以直接用于失蜡铸造。用 ABS 制造的原型因是，其具有较高的强度，故在产品设计、测试与评估等方面得到广泛应用。近年来又开发出 PC、PC/ABS、PPSF 等更高强度的成型材料，使该工艺有可能直接制造功能性零件。由于这种工艺具有一些显著优点，故发展极为迅速，目前 FDM 系统在全球已安装快速成型系统中所占的份额大约为 30%。

3. 选择性激光烧结（简称 SLS，不同材料的粉末为原料，见图 8-3）

SLS 工艺又称为选择性激光烧结，由美国得克萨斯大学奥斯汀分校的 C. R. Dechard 于 1989 年研制成功。SLS 工艺是利用粉末状材料成型的，即将材料粉末铺洒在已成形零件的上表面，并刮平；用高强度的 CO_2 激光器在刚铺的新层上扫描出零件截面；材料粉末在高强度的激光照射下被烧结在一起，得到零件的截面，并与下面已成型的部分黏结；当一层截面烧结完后，铺上新的一层材料粉末，有选择地烧结下层截面。

SLS 工艺最大的优点在于选材较为广泛，如尼龙、蜡、ABS、树脂裹覆砂（覆膜砂）、聚碳酸醋、金属和陶瓷粉末等都可以作为烧结对象。粉床上未被烧结部分成为烧结部分的支撑结构，因而无须考虑支撑系统（硬件和软件）。SLS 工艺与铸造工艺的关系极为密切，如烧结的陶瓷型可作为铸造的型壳、型芯，蜡型可做蜡模，热塑性材料烧结的模型可做消失模。

4. 分层实体制造（简称 LOM，即没落的快速成型工艺，见图 8-4）

LOM 工艺称为分层实体制造，由美国 Helisys 公司的 Michael Feygin 于 1986 年研制成功。该公司已推出 LOM-1050 和 LOM-2030 两种型号成型机。LOM 工艺采用薄片材料，如纸、塑料薄膜等，片材表面事先涂覆上一层热熔胶。

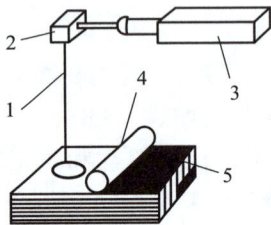

图 8-3　SLS 工艺原理图
1—激光束；2—扫描镜；3—激光器；
4—平整滚；5—粉末

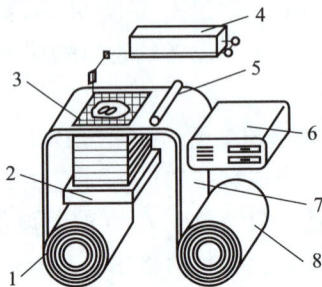

图 8-4　分层实体构造
1—收料轴；2—升降台；3—加工平面；4—CO_2 激光器；
5—热压辊；6—控制计算机；7—料带；8—供料轴

加工时，热压辊热压片材，使之与下面已成型的工件粘接；用 CO_2 激光器在刚粘接的新层上切割出零件截面轮廓和工件外框，并在截面轮廓与外框之间多余的区域内切割出上下对齐的网格；激光切割完成后，工作台带动已成型的工件下降，与带状片材（料带）分离；供料机构转动收料轴和供料轴，带动料带移动，使新层移到加工区域；工作台上升到加工平面；热压辊热压，工件的层数增加一层，高度增加一个料厚，再在新层上切割截面轮廓。如此反复，直至零件的所有截面粘接、切割完，得到分层制造的实体零件。

研究 LOM 工艺的公司除了 Helisys 公司外，还有日本 Kira 公司、瑞典 Sparx 公司、新加坡 Kinergy 精技私人有限公司、清华大学、华中理工大学等。但因为 LOM 工艺材料仅限于纸，故性能一直没有得到提高，已逐渐走入没落，大部分厂家已经或准备放弃该工艺。

5. 三维印刷（简称 3DP，即高速多彩的快速成型工艺，见图 8-5）

三维印刷（3DP）工艺是美国麻省理工学院 Emanual Sachs 等人研制的。E. M. Sachs 于 1989 年申请了 3DP 专利，该专利是非成型材料微滴喷射成型范畴的核心专利之一。

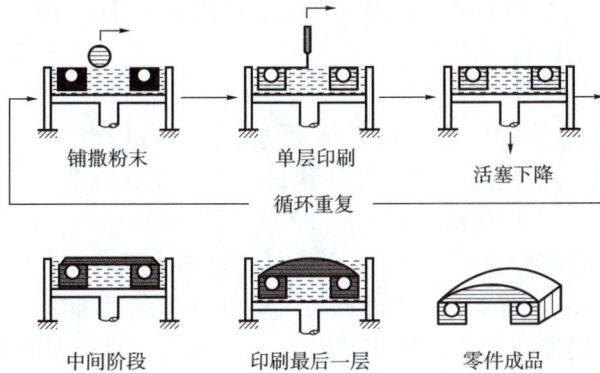

图 8-5　三维印刷

3DP 工艺与 SLS 工艺类似，采用粉末材料成型，如陶瓷粉末、金属粉末等。所不同的是材料粉末不是通过烧结连接起来的，而是通过喷头用黏结剂（如硅胶）将零件的截面"印刷"在材料粉末上面。用黏结剂黏结的零件强度较低，还须后处理。具体工艺过程如下：上一层黏结完毕后，成型缸下降一个距离（等于层厚：0.013~0.1 mm），供粉缸上升一高度，推出若干粉末，并被铺粉辊推到成型缸，铺平并被压实。喷头在计算机控制下，按下一建造截面的成型数据，有选择地喷射黏结剂建造层面。铺粉辊铺粉时多余的粉末被集粉装置收集。如此周而复始地送粉、铺粉和喷射黏结剂，最终完成一个三维粉体的黏结。未被喷射黏结剂的地方为干粉，在成型过程中起支撑作用，且成型结束后比较容易去除。

6. 无模铸型制造技术（简称 PCM，制作大型铸件的快速成型工艺，见图 8-6）

无模铸型制造技术是由清华大学激光快速成型中心开发研制，并将快速成型技术应用到传统的树脂砂铸造工艺中来。首先从零件 CAD 模型得到铸型 CAD 模型，由铸型 CAD 模型的 STL 文件分层得到截面轮廓信息，再以层面信息产生控制信息。

造型时，第一个喷头在每层铺好的型砂上由计算机控制精确地喷射黏结剂，第二个喷头再沿同样的路径喷射催化剂，两者发生胶联反应，一层层固化型砂而堆积成型。黏结剂和催化剂共同作用的地方型砂被固化在一起，其他地方型砂仍为颗粒态。固化完一层后再黏结下一层，所有的层黏结完之后就得到一个空间实体。原砂在黏结剂没有喷射的地方仍是干砂，比较容易清除。在清理出中间未固化的干砂后就可以得到一个有一定壁厚的铸型，在砂

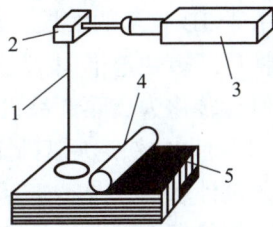

图 8-6　无模铸型制造技术
1—激光束；2—扫描镜；3—激光器；
4—平整滚；5—粉末

型的内表面涂敷或浸渍涂料之后就可用于浇注金属。

与传统铸型制造技术相比，无模铸型制造技术具有无可比拟的优越性，它不仅使铸造过程高度自动化、敏捷化，降低了工人的劳动强度，而且在技术上突破了传统工艺的许多障碍，使设计、制造的约束条件大大减少。具体表现在以下几方面：制造时间短，制造成本低，无须木模，一体化造型，型、芯同时成型，无拔模斜度，可制造含自由曲面（曲线）的铸型。

在国内外，也有其他一些将 RP 技术引入到砂型或陶瓷型铸造中来的类似工艺，其中较为典型的有 MIT 开发研制的 3DP 工艺、德国 Generis 公司的砂型制造工艺等。

三、3D 打印的应用

3D 打印技术的快速发展给生活带来了优点的同时也带来了许多缺点，首先，3D 打印相比传统制造的优势在于：速度快；一次性完成而非分布优化，产品形状想象空间更大，可以用软件做出传统制造不方便完成的形状；此外，修改成本小，只需要在软件中修改部分参数，就可以快速生产出新版。

3D 打印的缺点是：对于一般要求较低、专业性不强的部件，3D 打印可以满足要求，但是对于高硬度的产品，3D 打印明显力不从心。首先是材料性能差，强度、刚度、机械加工性都远不如加工方式；其次是材料局限，成本高。

目前 3D 打印机使用的材料非常有限，主要是石膏、无机粉料、光敏树脂、塑料等。3D 打印成品非常"脆弱"，一捏就碎，经不起折腾；再次是精度问题，由于分层制造存在台阶效应，每个层次虽然很薄，但在一定微观尺度下，仍会形成有一定厚度的一级级"台阶"，如果需要制造的对象表面是圆弧形，那么就会造成精度上的偏差。

3D 打印按需定制及其以相对低廉的成本制造产品一度被认为是科幻想象，而现在已经变成现实，其发展趋势将逐渐加速。

1. 3D 打印技术将成为工业化力量

3D 打印原先只能用于制造产品原型以及玩具，而现在它将成为工业化力量。我们乘坐的飞机将使用 3D 打印制造的零部件，这些零部件能够让飞机变得更轻、更省油。事实上，一些 3D 打印的零部件已经被应用于飞机上。该技术也将被国防、汽车等工业应用于特种零部件的直接制造。总之，在我们不知不觉的情况下，通过 3D 打印制造的飞机、汽车乃至家电的零部件数量将越来越多。

2. 3D 技术的发展将使产品创新速度加快

由于 3D 技术的发展，从新车型到更好的家电，一切产品的设计速度都将加快，从而将创新更快地推向消费者。由于运用 3D 打印的快速原型制造技术能够缩短把产品概念转化为成熟产品设计的时间，故设计人员将能够专注于产品的功能。虽然使用 3D 打印的快速原型制造技术并不是新鲜事物，但迅速降低的成本、功能得到改进的设计软件以及越来越多的打印材料意味着设计人员将能更方便地使用 3D 打印机，使他们能够在设计的早期阶段就打印出原型产品、进行修改以及重新打印，等等，从而加速创新，其结果将是更好的产品以及更快的设计速度。

3. 3D 打印机为制造工厂提供助力

我们有望在制造工厂里看到 3D 打印机。目前一些特殊的零部件已经由 3D 打印机更经济地生产出来了，但仅仅是在小规模范围内。对于 3D 打印技术，很多制造商将开始尝试原型制造以外的应用。随着 3D 打印机性能的不断提高以及制造商将其整合进生产线和供应链的经验变得更加丰富，我们有望看到集成了 3D 打印零部件的混合制造工艺。而消费者渴望的那些需要通过 3D 打印机制造的产品将进一步加速此进程。

4. 3D 打印技术将用于医学领域

通过 3D 打印制造的医疗植入物将提高一些人的生活质量，因为 3D 打印产品可以根据确切的体型匹配定制，如今这种技术已被应用于制造更好的钛质骨植入物、义肢以及矫正设备。打印制造软组织的实验已在进行当中，很快通过 3D 打印制造的血管和动脉就有可能应用于手术之中。

目前 3D 打印技术在医疗应用方面的研究涉及纳米医学、制药乃至器官打印。最为理想的情况是，3D 打印技术在未来某一天有可能使定制药物成为现实，并缓解器官供体短缺的问题。

四、桌面 3D 打印机使用基本步骤

1. 3D 打印机参数及设置

STL 格式目前已经成为快速原型技术领域最为常见的文件格式和事实上的接口标准，国内外大多数典型的 CAD 系统都能输出以 STL 表示的三维复杂实体模型，如 Auto CAD、P/e、UG、Solid Works 和 CAXA 电子图版等。本书主要介绍 Pro/Engineer、UG 和 Solid-Works 这三款最常见软件的转换参数的设定。

在生成了 STL 文件之后，将 STL 文件导入打印机自带的上位机软件，对模型进行层厚、喷头挤出速度、喷头扫面速度、喷嘴温度、填充率、有无支撑等参数的设置，然后通过切片软件进行切片，生成 Gcode 代码。Gcode 代码又称 G 代码，在数控加工中应用非常广泛，即将喷头的移动路径、挤出速度、扫描速度、喷嘴温度、填充率、有无支撑等所有信息包含在 G 代码中，人们通过 G 代码来告诉数控机器"如何做"。

3D 打印是将三维实体转化为一个个二维平面，进行分别制造的。在其中，切片软件起了至关重要的作用，它实现了将模型从三维到二维的转换。切片软件在整个 3D 打印过程中的位置如图 8-7 所示，这是不可或缺的一环。

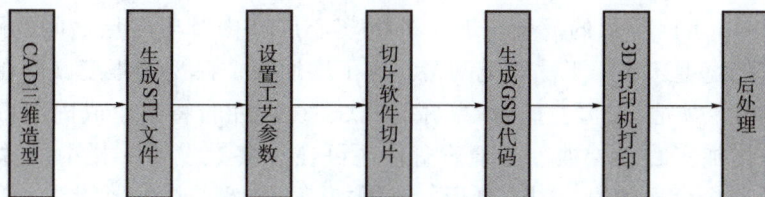

图 8-7 桌面 3D 打印和使用流程

在基本设置中，可以根据成型精度要求选择合适的打印模式。软件中有四种打印模式，分别是快速、中等、标准和优质，它们对应的层厚分别是 0.35 mm、0.25 mm、0.2 mm 和 0.15 mm。层厚越厚，产生的打印层数就越少，生成的 gsd 文件大小也就越小，打印时间也就越少。但是由于"阶梯效应"的存在，层厚越大，反而"阶

梯效应"越明显，打印件表面也就越粗糙。在打印时需要根据实际需要选择合适的打印模式。

该软件可提供常见的 FDM 3D 打印所使用的两种材料：PLA 和 ABS，但亦可使用其他材料，如 PE 等，可以根据 PE 材料的特性对"参数设置"栏中的喷头温度等参数进行设置，并可将在使用 PE 材料时的喷头温度设为 205 ℃。

软件提供了三种支撑模式，分别为无支撑、内部支撑和内外支撑。图 8-8 所示为回转体的截面。图 8-8（a）所示为一个圆柱体，其上下端在横向上尺寸一致，故生成路径时不需要支撑；图 8-8（b）所示为一个倒圆台，在一层层往上打印时，外部总有一部分是悬空的，即 I 面总是悬空的，故需外部支撑与已经打印好的模型来共同建立一个平台支撑下一层；图 8-8（c）所示的内部是一个空心圆台，熔丝在打印到 II 面时，在重力的作用下会往下陷，故需内部支撑，通常选择内外支撑。

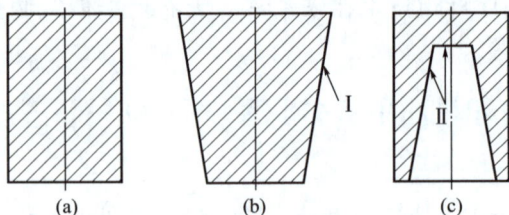

图 8-8 回转体截面
（a）圆柱体；（b）倒圆台；（c）空心圆台

打印基座一般是默认勾选的，在生成 gsd 代码的过程中会生成模型的基座，打印基座能固定模型，使模型很好地粘在工作台面上，能有效地抑制翘曲变形，且能有效补偿高度误差。对于那些很难将打印件从工作台面上取下的情况，在打印件从打印台面上铲下来时，基座能起到不被铲坏和不被工作台面破坏打印件底面的作用。然而打印基座是需要另外耗费热熔丝和时间的，故对成型要求不高时可以不勾选。

由于 FDM 3D 打印速度比较慢，故为了减少打印时间和打印材料，不需要 100%打印，即只需表面几层是实心的，内部采用不同的填充图案进行填充，并且能构成一个稳定的内部构架。其内部为直线填充，此种填充，扫描速度快，并且能增加整体刚度。

如图 8-9（a）所示，图中粗实线是模型的边界表面，细实线为内部填充。当模型为图 8-9（b）所示的薄壁件时，外圈实心层和内圈实心层之间的距离很小，比网状填充的宽度还小，无法填充网格，为了增加整个模型的强度，可在外圈和内圈之间增加几层实心层。勾选"薄壁件"，软件在切片时将不生成内部填充，会以特定的算法增加实心层层数。对于薄壁件还可在"参数设置"栏中的"外圈实心层"中输入一个合适的值。图 8-9 所示为增加了一层实心层的薄壁件。

当基本参数设置完成后，单击"开始生成路径"，软件能够自动计算出模型的截面信息，若选择了支撑，软件还会根据模型的内外形状特征自动为模型添加合适的支撑。该操作生成的文件即 G 代码。

对于一般要求的成型件，直接在"基础设置"中选择合适的打印模式即可，但是若对打印件有其他特殊的成型要求，"基础设置"则不能满足了，可以在"参数设置"栏中，对特定的几个参数进行设置，以满足打印件的成型要求。3D Start L

型 3D 打印机切片软件的"参数设置"中有以下 10 个参数可以设置。

（1）打印速度。

打印速度是指喷头在运动机构的作用下，扫描截面轮廓或填充网格时的速度。

（2）挤出速度。

挤出速度是指在送丝机构的作用下，喷头内熔融状态的丝束从喷嘴挤出时的速度，其大小主要取决于送丝机构的送丝速度及喷嘴的大小。

此外，喷头的打印速度和挤出速度对成型精度存在着交互影响。

当打印速度一定时，挤出速度小，能提高工件的表面品质，但是会使打印的丝束非常细，材料填充不足，甚至出现断丝现象；若挤出速度增大，挤出丝束的截面宽度就会增加，当挤出速度增大到一定程度时，挤出的丝束会黏附于喷嘴外圆锥面，形成如图 8-10 所示的"挤出涨大"现象，则不能进行正常的加工。当挤出速度一定时，打印速度小，所耗费的时间就会变得很长，在降低效率的同时还会出现"挤出涨大"现象。打印速度越大，成型时间越短，效率越高，但是打印速度过高会使喷头产生机械颤动，影响零件的精度。所以，成型时的挤出速度与打印速度既不能太低也不能太高，应根据具体情况，将挤出速度和打印速度进行合理匹配。

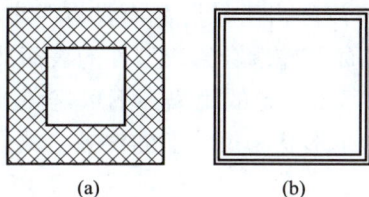

图 8-9　模型

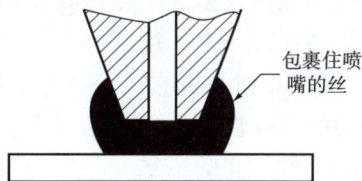

图 8-10　"挤出涨大"

（3）喷头温度。

喷头温度是喷嘴将加热的目标温度。喷头温度将直接决定材料的黏结性能、堆积性能、丝材流量和挤出丝宽度。这就需要根据丝材的性质来选择合适的喷头温度，以保证挤出丝的熔融流动状态。

（4）平台温度。

平台温度指平台将加热的温度。当周围环境温度比较低时，挤出的热熔丝冷却过快，使得刚成型的模型存在内应力，或致翘曲变形，如此就需要调节环境温度。常见的调节环境温度的方法就是在打印平台下设置加热板，提升整个平台的温度。最理想的环境温度比挤出丝的熔点温度低 1~2 ℃。

FDM 工艺的成型温度包括熔融丝材的温度和成型室的温度。成型机工作时，喷嘴熔融丝材的温度值要使丝材的黏性系数在一个适用范围内，在一定的挤出速度下可以均匀连续地挤出。成型室温度既要能使丝材顺利粘接与堆积，又要尽量使加工制件不产生收缩和翘曲变形，还要能保证制件的强度。很多打印机的成型室温度就是靠加热平台来保证的。

温度变化对 FDM 制件的精度影响极其显著。喷头温度（T_m）太高会造成成型材料的分子破裂，从而使表面很粗糙，加工完的制件表面有烧焦的痕迹；若温度过低，则丝材黏接不牢固，容易开裂。成型室温度（T_e）会影响制件热应力的大小，温度高有助于减少制件热应力，但过高时零件表面会产生"坍塌"与拉丝现象，即当后一层丝材堆积在已经成型部分时，前一层的丝材由于温度过高还未完全冷却，已成型部分由于喷头挤出丝的作用力会出现向下的凹陷变形。同时由于丝材高温软化，与喷嘴接触时会被喷嘴拉着走。如果温度太低，从喷嘴挤出的丝材温度与成型室温度温差过大，丝材骤冷会使成型件的热应力增加，容易引起翘曲变形，甚至使基座与工作台分离致成型无法进行。因此必须根据成型材料性能设置合理的喷头温度和成型室温度。

喷头温度和成型室温度对成型制件质量的影响如图 8-11 所示。

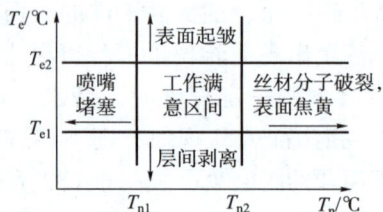

图 8-11　喷嘴和成型室合理温度范围

（5）打印层厚。

打印层厚是指模型加工时的切片截面的厚度。由于每层截面具有一定的厚度，故在成型的高度方向上，用层厚来逼近模型的曲线轮廓会给成型件的表面造成"阶梯效应"，形成"阶梯误差"。由于每层之间存在一定的距离，不可避免地破坏了成型件表面的连续性和层片间的信息，从而产生形状和尺寸上的误差，此误差直接导致了模型精度方面的不足。

2. 打印应用

1）调平打印平板

打印平板可能与 Z 轴方向的夹角不完全成直角，第一次使用或长时间未使用打印机或有动过打印机打印平板上的部件均需要对打印平板进行调平，即凡是移动过打印平板上的部件都需要重新调平，如果在打印时发现打印件第一层无法黏着在打印平板上，则也需要重新调平。

确定一个矩形，在其四个角处测量底盘 Z 方向高度，并记录下来写入 Setbed. g 文件中。这个矩形必须尽可能大，以避免与任何东西碰撞。

其具体步骤如下：

首先，确认还未对打印机做过补偿。如果已做过补偿，需重新启动机器。然后，连接设备，提升 Z 轴离打印平板 10 mm 以上，X、Y 轴回零，发送 G 代码"G1 X60 Y20"，即移动到 X 轴 60 mm、Y 轴 20 mm 处。在打印平板上放一张白纸，位于上喷头正下方，降低 Z 轴高度直到喷头几乎接触底盘，白纸刚好能够抽出，能够自由滑动，没有明显的摩擦感。发送 G 代码"G92 Z0"命令来设置该点 Z 轴回零，即 Z=0。

将 Z 轴升高 3~4 mm，发送 G 代码"G1 X60 Y170"，即移动到 X 轴 60 mm、Y 轴 170 mm 处。再次放一张白纸于喷头正下方，降低 Z 轴高度直至喷头几乎接触底盘，白纸刚好能够抽出，能够自由滑动，没有明显的摩擦感。观察此时的 Z 坐标值，并记录。

再次将 Z 轴升高 3~4 mm，发送 G 代码"G1 X170 Y170"，即移动到 X 轴 170 mm、Y 轴 170 mm 处，并且重复以上操作。观察此时的 Z 坐标值，并记录。

最后将 Z 轴升高 3~4 mm，发送 G 代码"G1 X170 Y20"，即移动到 X 轴 170 mm、

Y 轴 20 mm 处，并且重复以上操作。观察此时的 Z 坐标值，并记录。

如发送 G 代码"G1 X60 Y20"，对应的 Z 轴高度是 $Z=0$；

发送 G 代码"G1 X60 Y170"，对应的 Z 轴高度是 $Z=1.10$；

发送 G 代码"G1 X170 Y170"，对应的 Z 轴高度是 $Z=3.60$；

发送 G 代码"G1 X170 Y20"，对应的 Z 轴高度是 $Z=1.40$。

接下来取下打印机上的 SD 卡，使用读卡器连接到电脑上，打开 Gcodes 文件夹，以记事本的方式打开"Setbed.g"文件，按照记录的 Z 值对应修改每一行（除第一行）Z 后面的数字，表示 Z 轴到达零点位置。再单击"发送 G 代码"，选择"G92 Z0"，"Z 轴回零"又从橙色变回蓝色，表示 Z 轴回零设置完成。

2）自动回零

单击按钮，X、Y、Z 轴将全部自动回零，回零后，可能会发生 Z 轴回零不准确的情况，这时按照手动回零时 Z 轴回零的方式进行"微调"，完成 Z 轴的调零。

3）开始打印

选择"G 代码文件"页面，在 SD 卡文件清单中单击"Setbed.g"文件，此文件的功能是对底板平台的水平度实现自动补偿，打印状态如图 8-12 所示。此时可以开始打印模型，首先在窗口中单击要上传的 Gcode 文件，如图 8-12（a）中 duolaameng2，单击"打开"，弹出如图 8-12（b）所示窗口。

(a)

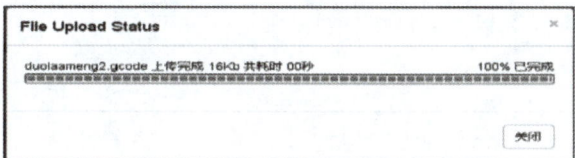

(b)

图 8-12 选择文件

将 duolaameng.gcode 文件成功上传至打印机的 SD 卡中，SD 卡文件清单中就会出现此文件，单击后等待喷头和底板预热到设定温度后即开始打印。平口钳打印效果如图 8-13 所示。

图 8-13 平口钳打印效果

总结与评价

3D 打印任务实施工作总结 8-1

项目实施总结	
小组成员	完成日期

3D 打印任务评价 8-1

评价项目	评价要点	分值	得分	总评
3D 打印	3D 打印技术基本原理	25		A□（86~100）
	3D 打印参数设置	25		B□（76~85）
	3D 打印机使用基本步骤	25		C□（60~75）
	3D 打印应用	25		D□（60 以下）

附录1 平口钳零件图

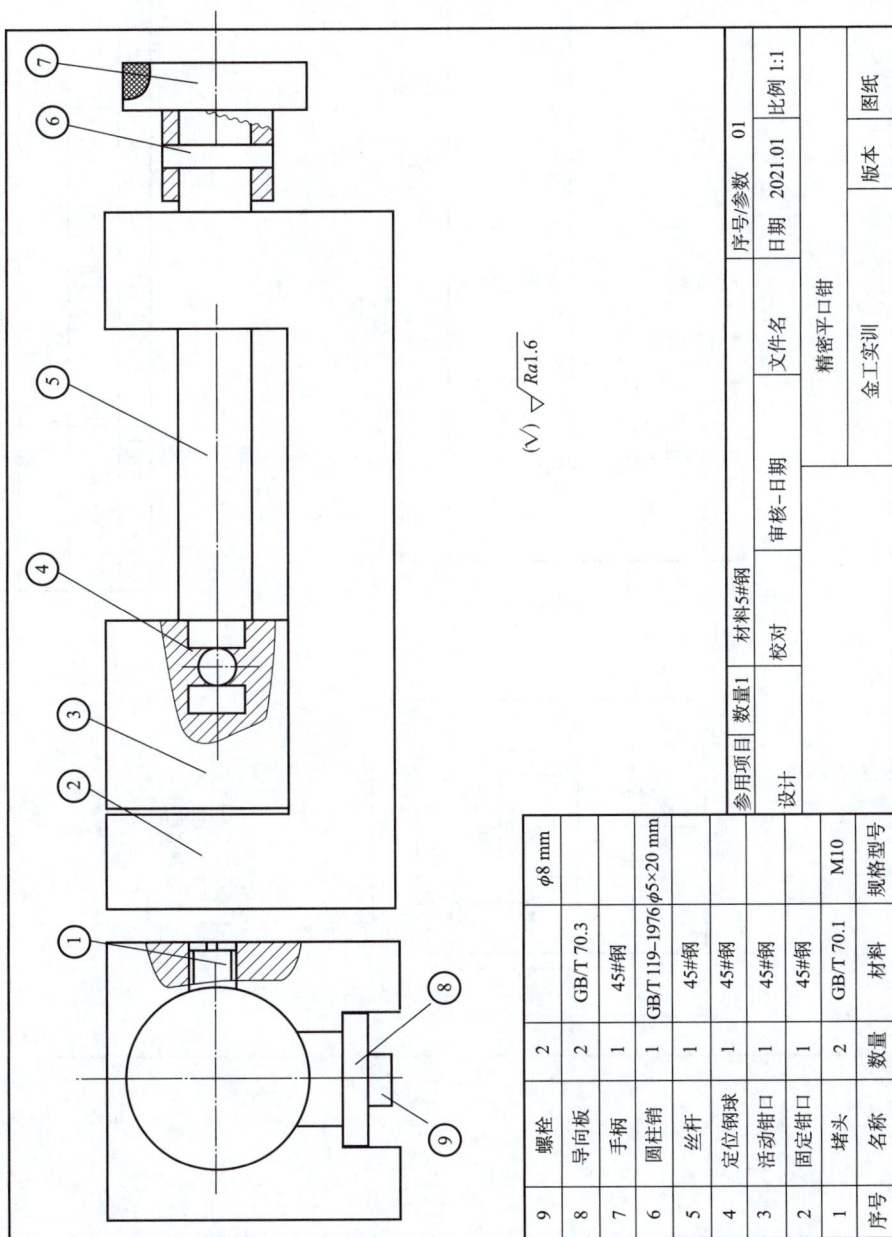

序号	名称	数量	材料	规格型号
9	螺栓	2		φ8 mm
8	导向板	2	GB/T 70.3	
7	手柄	1	45#钢	
6	圆柱销	1	GB/T 119-1976	φ5×20 mm
5	丝杆	1	45#钢	
4	定位钢球	1	45#钢	
3	活动钳口	1	45#钢	
2	固定钳口	1	45#钢	
1	堵头	2	GB/T 70.1	M10

$(\surd) \overline{\smash{\bigtriangledown}} Ra1.6$

参用项目	数量1	材料5#钢		序号参数	01
设计		校对	审核-日期	比例	1:1
			文件名	日期	2021.01
			精密平口钳	版本	图纸
			金工实训		

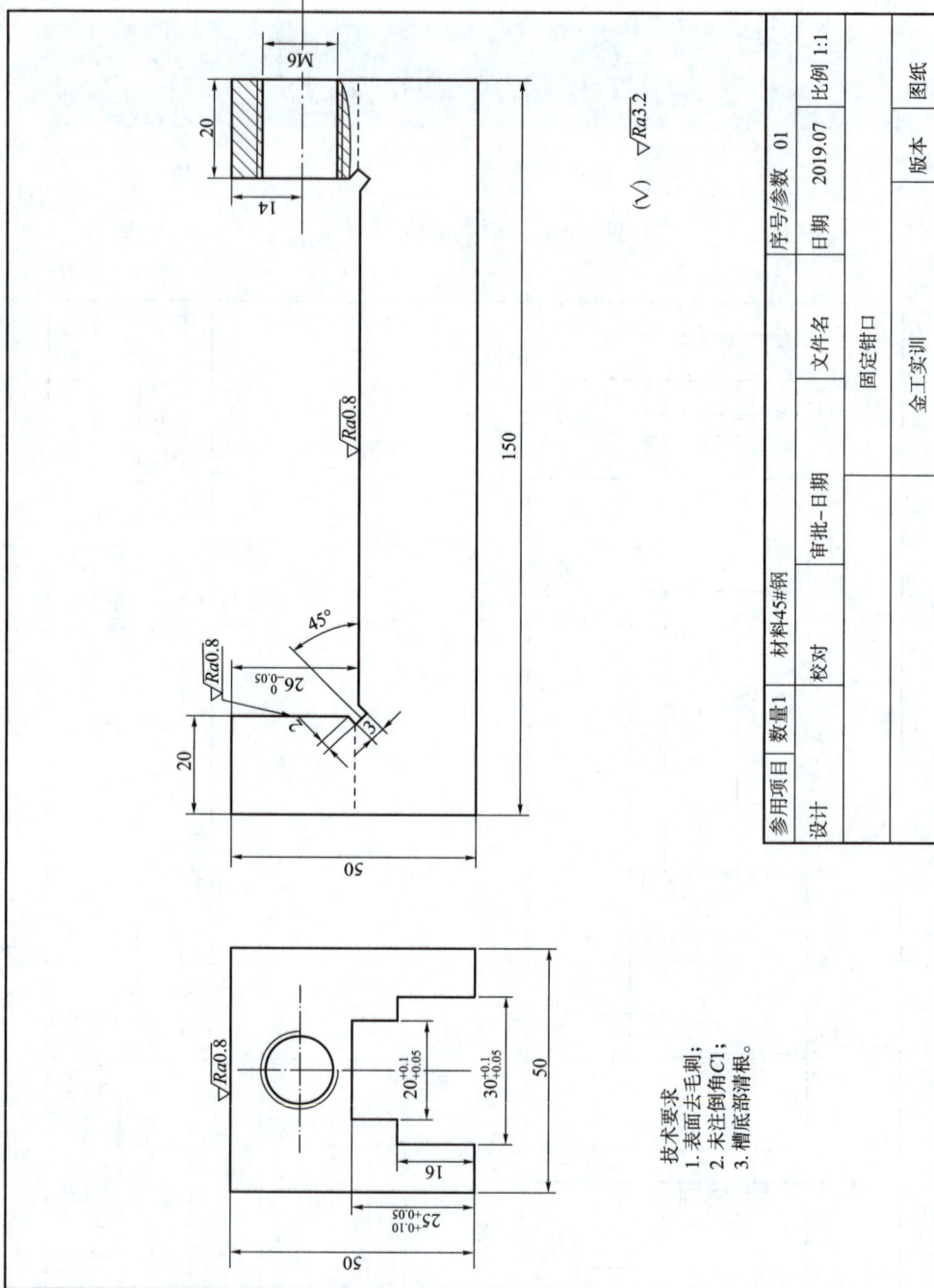

技术要求
1. 表面去毛刺；
2. 未注倒角C1；
3. 槽底部清根。

参用项目	数量1	材料45#钢		序号/参数 01
设计		校对	审批-日期	文件名	日期 2019.07	比例 1:1
				固定钳口		
				金工实训	版本	图纸

M6 20 14 $\sqrt{Ra3.2}$ (√)

$\sqrt{Ra0.8}$ 150 45° $26_{-0.05}^{0}$ 20 50

$\sqrt{Ra0.8}$ $20_{+0.05}^{+0.1}$ $30_{+0.05}^{+0.1}$ 50 16 $25_{+0.05}^{+0.10}$ 50

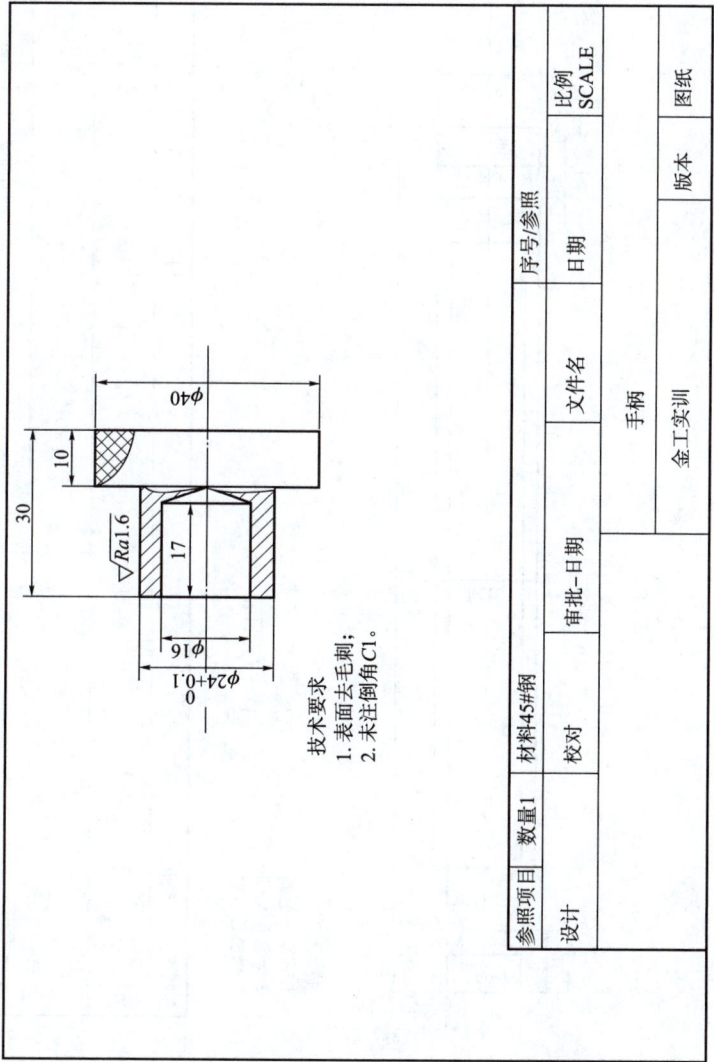

技术要求
1. 表面去毛刺；
2. 未注倒角C1。

材料45#钢

参照项目	数量1			序号参照		
设计		审批-日期	文件名	日期	比例 SCALE	
校对			手柄			
			金工实训		版本	图纸

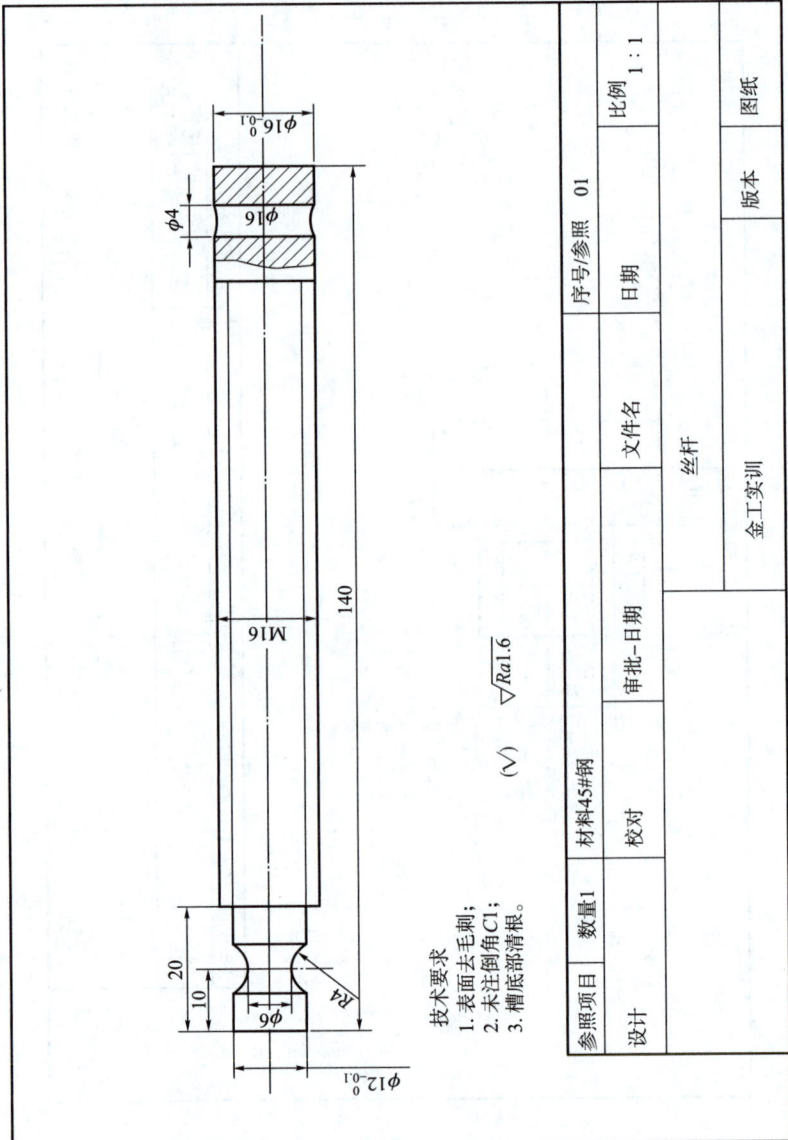

技术要求
1. 表面去毛刺;
2. 未注倒角C1;
3. 槽底部清根。

(√)   ▽Ra1.6

参照项目	数量1	材料45#钢		序号参照	01	
设计		校对	审批-日期	文件名	日期	比例 1:1
				丝杆		
				版本	图纸	
				金工实训		

技术要求
1. 表面去毛刺;
2. 未注倒角C1;
3. 槽底部清根。

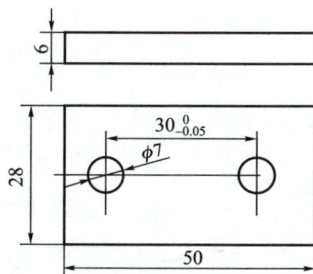

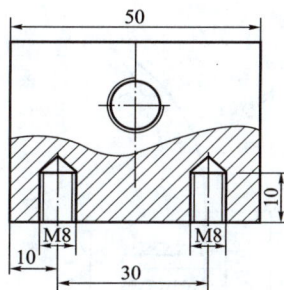

$\sqrt{Ra1.6}$ $(\sqrt{})$

参照项目	数量1	材料45#钢		序号/参照		
设计	校对	审批–日期	文件名	日期		比例
			滑块			
			金工实训		版本	图纸

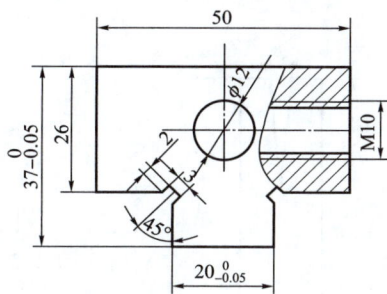

技术要求
1. 表面去毛刺;
2. 未注倒角C1;
3. 槽底部清根。

$(\sqrt{})$ $\sqrt{Ra1.6}$

参照项目	数量1	材料45#钢		序号/参照		
设计	校对	审批–日期	文件名	日期		比例
			活动钳口			
			金工实训		版本	图纸

附录2　图榔头零件图

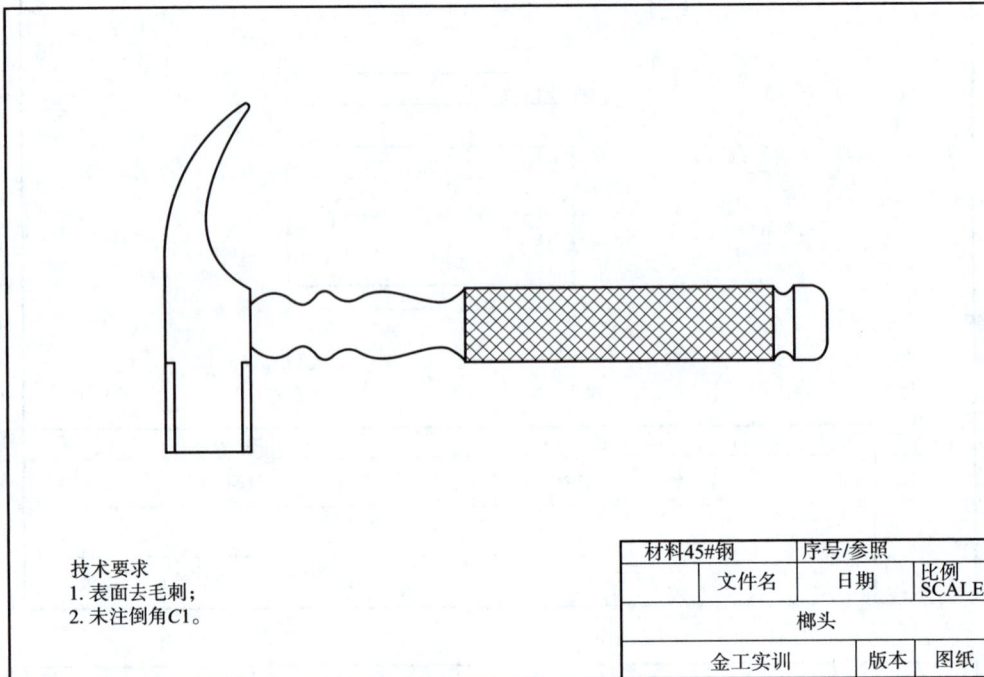

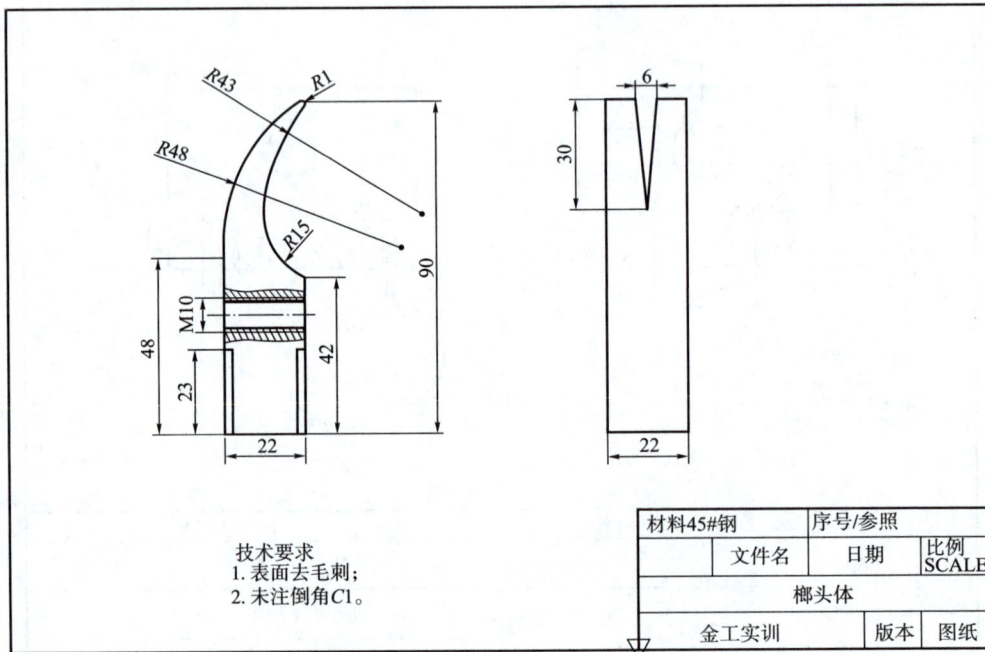

技术要求
1. 表面去毛刺；
2. 未注倒角C1。

材料45#钢		序号/参照	
	文件名	日期	比例 SCALE
	榔头		
	金工实训	版本	图纸

技术要求
1. 表面去毛刺；
2. 未注倒角C1。

材料45#钢		序号/参照	
	文件名	日期	比例 SCALE
	榔头体		
	金工实训	版本	图纸

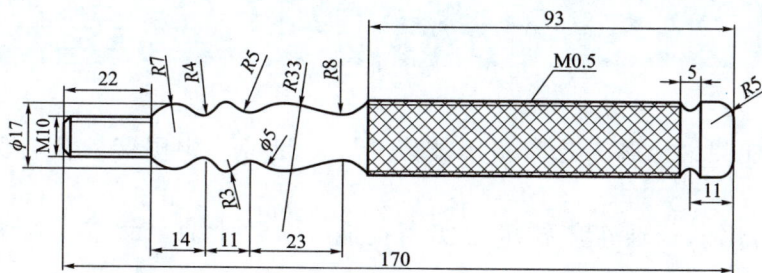

技术要求
1. 表面去毛刺；
2. 未注倒角C1。

材料45#钢		序号/参照		
文件名		日期	比例 SCALE	
榔头手柄				
金工实训			版本	图纸

参考文献

[1] 袁桂英.. 金属工艺与实用技能 [M]. 北京：中国劳动社会保障出版社，2021.

[2] 王志刚. 普通车床技术与实用技能 [M]. 北京：北京工业大学出版社，2019.

[3] 毛明睿. 机械制造工艺与机床 [M]. 北京：中国水利水电出版社，2019.

[4] 黄宏伟. 普通机械制造基础 [M]. 北京：机械工业出版社，2021.

[5] 李自理，普通铣床加工工艺与实用技术 [M]. 北京：中国农业出版社，2020.

[6] 李保军. 钳工课程实践教程 [M]. 北京：中国劳动社会保障出版社，2021.

[7] 冯秉国. 钳工技术与实习 [M]. 北京：中国劳动社会保障出版社，2020.

[8] 钟志中，张伟建，张广宇. 金属工艺技能与实习 [M]. 北京：中国劳动社会保障出版社，2021.

[9] 张旭东，吴国成，张大剑. 金属材料加工工艺学 [M]. 北京：机械工业出版社，2020.